化粧品成分検定 公式テキスト

改訂新版

Official Guidebook

一般社団法人
化粧品成分検定協会 編

実業之日本社

CiLA 化粧品成分検定公式テキスト［改訂新版］
一般社団法人　化粧品成分検定協会 編

Contents

CiLA 読み解くコツ

はじめに

一般社団法人　化粧品成分検定協会
代表理事
久光　一誠

化粧品を探すときに役立つ情報の一つが、全成分表示です。

全成分表示を読むことで、自分が求めている機能や特徴を持った化粧品かどうかを判断したり、自分の肌に合わない成分を避けることができ、化粧品選びの幅を広げることができます。
成分を読み解くことができれば、商品の宣伝文句やパッケージのイメージに頼りすぎることなく、自身で目的に合ったものを選ぶことができるのです。

ところが、成分に関する正しい知識を学ぶ機会は、非常に限られているのが現状です。これは消費者だけでなく、化粧品を販売する立場の方々にも当てはまることであり、大変残念なことです。

化粧品成分検定協会（CILA）は、消費者や業界従事者が化粧品の成分についてできる限り公正中立な知識を学び、その知識を活用して、自分やお客様が求めている機能や特徴を持った化粧品を正しく選択する力を養うとともに、検定試験を実施することで、自らが学んだ知識や能力を確認できる場を提供いたします。

化粧品に対する日本の消費者の目は世界一厳しいともいわれ、それに伴い、日本の化粧品会社における品質管理や製品開発の質の高さも、世界でトップレベルです。消費者並びに化粧品業界従事者が成分に対する知識を身につけ、双方ともに高めあうことで、化粧品に関わるすべての人々が輝きを増し、名実ともに日本が世界一の化粧品市場になること、それが私たちの思いです。

化粧品にかかわる人々が、化粧品を通じてもっとしなやかに賢く美しく、自信みなぎるその先の未来へ。

化粧品成分検定とは

化粧水や美容液、シャンプー、日焼け止め、ベビー用化粧品など、化粧品に記載されている全成分の情報、及びパッケージに記載されている情報を読み解けるように導く検定です。当検定で学ぶことにより、自ら必要な目的に合った化粧品を正しく選択できるようになります。

2001年4月の薬事法改正により、医薬部外品を除くすべての化粧品について全成分表示が義務づけられ、それまでの旧表示指定制度（アレルギーなどの皮膚障害を起こす可能性のある成分だけを表示する制度）よりも、化粧品における開示情報が充実しました。

しかし、全成分表示には耳慣れない成分名が多く登場することや、成分の表示順序についての細かなルールが知られていないことなどから、せっかく情報が開示されているにもかかわらず、一般の消費者にはよく理解できないのが現状です。

また、配合目的などをまとめた成分辞書がいくつか出版されていますが、成分によっては複数の働きを持つものも多く、辞書だけでは全成分リストを読み解くことができません。ほかにどのような成分が一緒に使われているのか、成分リストの最初の方に書かれているのか最後の方に書かれているのか、こうした情報によってはじめて、その成分が持つ意味や、肌に対する効果のほどがわかることもあるのです。

全成分リストのどの位置に書かれていて、ほかにどんな成分と一緒に配合されているかを見極め、その化粧品についてより詳しく知る力、そして成分の意味を読み解く力を身につけるのが、「化粧品成分検定」です。

薬事法が改称されました

薬事法は2001年4月の改正の後、2014年11月25日に「医薬品、医療機器等の品質、有効性及び安全性等の確保に関する法律」と改称されました。

長い名称なので、厚生労働省は「医薬品医療機器等法」という略称を用いており、本書においてもこの略称を用いることとします。

成分検定で「ホンモノ」を見極める目を養う

近年のナチュラル・オーガニックトレンドもあり、一般的には「天然物質は善、合成物質は悪」という風潮があるように思います。しかし実際は、天然成分に含まれる不純物でアレルギー反応を起こすこともありますし、逆に50年以上もその安全性が認められている合成物質も数多くあります。

私たち化粧品成分検定協会は、できる限り公正中立な立場で化粧品成分の紹介をしています。インターネットなどに氾濫している根拠の乏しい情報に惑わされることなく、化粧品成分に関して正しい知識を身につけることで、自分の肌と目的に合った本当に必要な「ホンモノ」を見極める力を身につけましょう。

● どんな方に役立ちますか？

お客様への提案の幅を広げたい化粧品販売員やコールセンターオペレーター、その他化粧品・美容業界にお勤めの方、そして化粧品業界に就職したい方におすすめです。

また検定で習得した知識は、敏感肌やナチュラルコスメユーザーの方、子どもに安心な製品を使いたい方など、皆さんの日々の生活でも役立つはずです。

● 化粧品成分検定　実施要項

知識の範囲	1級／全成分表示を読み解き、第三者にアドバイスができる。 2級／基本的な成分・パッケージ記載内容を理解できる。 3級／日々の生活で役立つ成分知識を手に入れる。
試験方法	1級／会場試験・マークシート・記述方式 2級／会場試験・マークシート方式 3級／公式ホームページ（PC・スマートフォン）で受験
試験時期	1級・2級／年2回（6月、12月） 3級／随時
受験料	1級／ 10,000円（税別）・2級／ 6,000円（税別） 3級／無料
申込方法	申込・詳細は化粧品成分検定協会ホームページへ www.seibunkentei.org

●「化粧品成分スペシャリスト」資格認定

1級・2級検定試験合格者のうち、ご希望の方には公式な資格認定を行っています。

※デザインはイメージです。

化粧品と医薬品医療機器等法の関係

最初に皮膚の構造の図を見てみましょう。

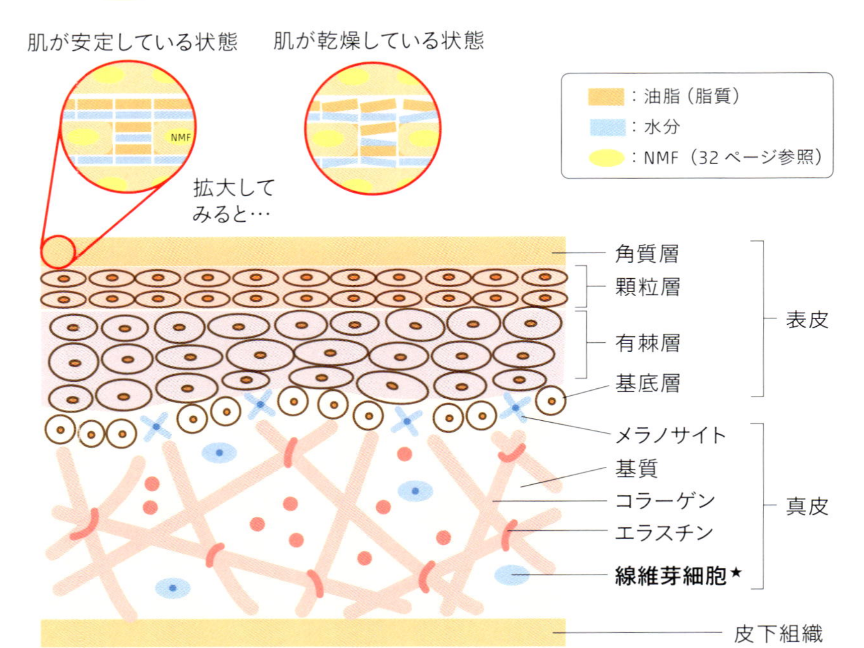

化粧品の広告で「肌の奥まで浸透」という表現が使われることがあります。上の図のような皮膚の構造をイメージできる方なら、「真皮まで浸透するんだ」と連想されるかもしれません。しかし、「肌の奥」という表現が使われる場合は、必ず近くに小さな文字で「角質層まで」と注意書きされているはずです。

私たちの皮膚や毛髪に塗るものは、医薬品医療機器等法（旧薬事法）という日本の法律のもと、「化粧品」「医薬部外品」「医薬品」に分類され、その役割分担が効能・効果の範囲として明確に分かれているからです。

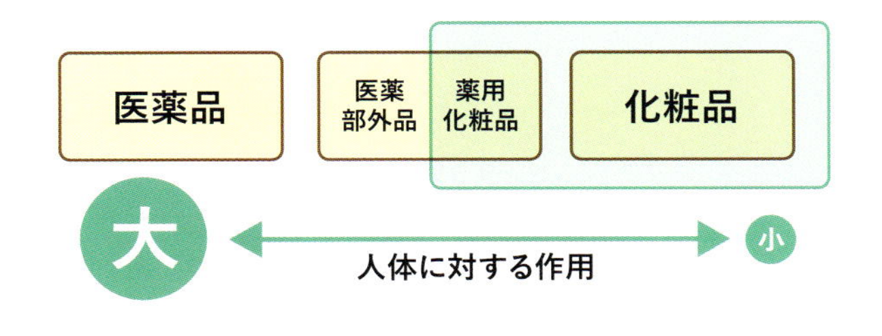

・**医薬品**／厚生労働省によって効能・効果が認可された有効成分が含まれる、病気の治療などを目的とした「薬」。作用が激しいため、医師の指示のもとで量と期間を守って使用しないと危険。
・**医薬部外品**／治療を目的とする「医薬品」と、人体への作用が緩和な「化粧品」の中間的存在。主に「予防」を目的とする。
※「薬用化粧品」とは、医薬部外品として認められた化粧品のこと。医薬部外品と化粧品では、配合成分の表示方法や表示名なども異なります
・**化粧品**／人体への作用が穏やかで、髪や皮膚、爪の手入れや保護などに用いられるもの。

化粧品は、人体への作用が緩やかで、誰もが安心して気兼ねなく使用できるものであり、「真皮層への浸透」「シワを消す」「アトピーに効く」「シミが消える」という医薬品のような効能・効果は認可されていません。そのため、このような効能・効果表現を広告に用いることは誇大広告になり、医薬品医療機器等法（旧薬事法）違反で罰せられたり、回収処分となります。

一方で、厚生労働省で効能・効果が認可された成分以外で、例えば美白などの効果が見込める成分が化粧品に含まれている場合でも、広告の表現からはその効果の見極めが難しい、という側面もあります。

いろいろな化粧品成分を知ることで、パッと目に飛び込んでくる広告からだけではなく、全成分表示からもその特性を読むことができ、化粧品がさらに選びやすくなるはずです。

化粧品のパッケージの読み方を学びましょう

化粧品のパッケージには、医薬品医療機器等法（旧薬事法）により、消費者が見やすいよう表示することが義務づけられている内容があります。

CiLA
ローション ①

（化粧水） ②　　NET200ml ③

【使用方法】
洗顔後の清潔な肌にお使いください。 ④

【全成分表示】
水、グリセリン、BG……………………………………………………
…………………………………………………………………… ⑤

【使用上の注意】
お肌に異常が生じていないかよく注意して使用してください。
お肌に合わないときはご使用をおやめください。 ⑥

【製造販売元】 ⑦
株式会社 化粧品成分検定
東京都港区〇〇〇〇〇〇〇〇〇〇〇〇〇〇〇〇〇〇〇〇

【発売元】 ⑧
CILA株式会社
東京都〇〇〇〇〇〇〇〇〇〇〇〇〇〇〇〇〇〇〇〇〇〇
01-2345-6789 ⑨

MADE IN JAPAN ⑩　　CI2015 ⑪

① 販売名	役所への届出書（医薬部外品の場合は承認申請書）に記載した商品の名称が書いてあります。 いわば正式な製品名で、パッケージの表に書かれている愛称とは異なっていることがあります。
② 種類別名称	どんな化粧品なのかわかりやすいよう、化粧品公正取引協議会がつくる種類別名称の一覧から、該当する名称が書かれます。 ※販売名に種類別名称を用いた場合は省略可
③ 内容量	NET＝正味という意味。容器または包装材料を含まず、gかmlで表示します。 ※10g（ml）以下は省略可
④ 使用方法	その製品の使用方法、使用量が書いてあります。 ※種類別名称を見て消費者が理解できる内容（シャンプー、ハンドクリームなど）であれば省略可
⑤ 全成分	表示方法にはルールがあります。（14ページ参照）
⑥ 使用上の注意	使用者へ、皮膚障害に関する注意喚起のための表示です。 品質保持や誤使用、誤飲を防ぐための、使用・保管・取扱上で留意すべき事項が書いてあります。
⑦ 製造販売元	この化粧品について、全責任を取る会社の名前が書いてあります。 「製造販売業」という許可を持った会社しか、製造販売元になることはできません。製造販売元は必ず日本の会社でなければならないと、法律で定められています。輸入化粧品の場合、日本法人（〇〇〇ジャパンなど）を設立していることもありますが、中小の海外化粧品メーカーの化粧品は、製造販売業許可を持つ日本の輸入業者が製造販売元となり、製品の責任者となることがほとんどです。
⑧ 発売元	法律上は記載の義務はありません。例えば、製造販売業許可を持っていない企業がオリジナル化粧品を販売する場合、製造販売業許可を持つ会社に製造を委託するだけでなく、責任者にもなってもらう（製造販売元になってもらう）ことがあります。法律上は製造販売元企業が責任を持つ製品となり、パッケージにも製造販売元として、製造を委託した企業の名前だけが表示されてしまいます。 そこで、法律上は特に意味を持たない「発売元」という欄を設け、ここに自社の名前を書くことで、自社のオリジナル化粧品であることを明確にすることができます。製造販売元は製品の責任者で、発売元は流通の責任者と考えることもできます。
⑨ 問い合わせ先	化粧品に表示されている事項について、消費者から問い合わせがあった場合、正確且つ速やかに応対できる連絡先を表示します。
⑩ 原産国名	この化粧品を製造した事業所が所在する国の名称です（国名よりも地域の方が有名である場合は地域名）。 ※消費者から見て、明らかに国産品と認識できる製品は省略可
⑪ LOT番号	英数字の組み合わせで、同一条件（製造時期、製造工程、製造工場など）で製造された製品を同一の英数字で管理します。

全成分表示のルール

化粧品の全成分表示にはルールがあります。

1. すべての配合成分を記載する。
2. 配合量が多い順に記載する。
3. 配合量が1%以下の成分は、記載順序は自由である。
4. 着色剤は、配合量にかかわらず末尾にまとめて記載する。

苦手な成分が入っていても使える?

全成分表示に出てくる化粧品成分を各種成分辞書で調べると、その配合目的や効果について書かれています。しかし、実は成分の配合目的や効果は、一つではありません。ほかにどのような成分と組み合わせて配合されたのか、配合量の多い少ないによっても違いが出るので、注意が必要です。

エタノール（24ページ参照）を例に挙げてみましょう。

各種成分辞書には、清涼感や防腐力向上などの働きについて紹介されています。ところが、植物エキスの抽出を目的に使用されることも、よくあるのです。

全成分表示で上位にエタノールが記載されている場合は、清涼感や防腐力向上などの目的で、10%前後の配合量であると解釈します。

1%の目安となる成分よりも後ろにエタノールが記載されている場合（次ページ「Q：1%以下の成分はどこから?」参照）は、植物エキスの抽出**溶媒★**として使われたものが、エキスとともに化粧品に入ってきたと解釈します。

エタノール過敏症の方は、少量のエタノールにも注意が必要ですが、エタノール配合製品特有の「あのスースーした感じが嫌い」という方は、全成分表示でエタノールが記載されている位置をチェックしましょう。1%以下の配合量であれば、エタノールのスースーした感じはまったくないので、製品の選択肢が広がります。

BG（26ページ参照）も同様に、全成分表示の表示位置によって、配合目的や効果が異なる成分の一つです。

★がついている用語は、176ページ〜の用語集に解説があります・18ページ「本書の読み方」も参照

Q：1%以下の成分はどこから?

A：配合量が1%以下の成分を見分けるための目安があります。
それは、植物エキス類、ヒアルロン酸Na類、コラーゲン類、防腐剤、増粘剤、酸化防止剤、キレート剤などの機能性成分や安定化成分の位置。これらは、1%以下で十分な効果を発揮するものが多くあります。全成分表示の中でのこれらの位置が、配合量1%の境目の目安になります。

Q：1%以下の配合量でも効果は出るの?

A：1%の配合量でも、その化粧品の使用感を大きく作用したり、効果的に働く成分は多数あります。例えば増粘剤でよく使われるカルボマーやキサンタンガムなどは、1%未満の配合量でも十分にとろみをつけることができますし、防腐剤の多くは1%未満の配合量で防腐効果を発揮します。香料は0.1%にも満たない配合量で、製品に十分な香りをつけます。また、ほとんどの植物エキスも、1%に満たない配合量で効果が期待できます。

Q：使用期限が書かれていなくてもいい?

A：医薬品医療機器等法には「基本的に化粧品は製造または輸入後、適切な保存条件のもとで3年を超えて性状及び品質が安定なものでなければならず、3年以内に変質する恐れのあるものは使用期限を表示しなければならない」とあります。
使用期限の記載は原則必要ですが、輸入・製造後、3年を経過しても性状及び品質が安定であると考えられる製品には、記載不要となっています。

Q：内容量を表す「g」と「ml」は、何を基準に使い分けられている?

A：内容量は、重量（g）や体積（ml）などで示され、粘度が高いものは「g」、低いものは「ml」と表示されます。
※主にクリームやジェル状製品、石ケン、固形ファンデーションは「g」、化粧水や香水など、水に近い液状の製品には「ml」が使われます

Q：製造販売元の住所は工場の場所?

A：製造販売元企業には必ず、「総括製造販売責任者」という役割の人がいます。
化粧品の製造や販売がきちんと正しく安全に行われているか、管理監督する責任者です。
この総括製造販売責任者が日常的に仕事をしている場所を、製造販売元の住所として書くことが法律で決まっています。何ヶ所も工場を持つような企業の場合、総括製造販売責任者は本社から指示を出して全工場を管理監督することもあるので、製造販売元の住所＝工場の住所であるとは限りません。

化粧品の構造

化粧品はさまざまな原料・成分によりつくられますが、全成分表示の上位に書かれている成分は、多量に配合された、その化粧品の土台となる成分だといえます。

化粧品の土台となる成分は「ベース成分」といい、大きく分けて水性成分、油性成分、界面活性剤の三つに分類されます。

ほとんどの化粧品の場合、このベース成分が70 ～ 90%を占め、ほかに機能性成分、安定化成分など、その他の成分が加わって構成されています。

●ベース成分

・水性成分／水やエタノール、水を逃さないようにするBG、グリセリンなどの保湿剤などのことです。
・油性成分／オリーブ果実油やミネラルオイル、ミツロウなど、水に溶けず、水分の蒸発を防ぐ成分を指します。
・界面活性剤／水と油の仲を取り持つ成分です。
水に溶けたときのイオン化の種類により、アニオン界面活性剤、カチオン界面活性剤、両性界面活性剤、非イオン界面活性剤の４種に分類されます。

●その他の成分

・機能性成分／化粧品にさまざまな機能をつけ加え、化粧品の特徴となることが多い「美容成分」とも呼ばれる成分のことです。
リン酸アスコルビルMg（ビタミンC）などの美白成分や、レチノールなどのエイジングケア成分があります。
・安定化成分／メチルパラベンなどの防腐剤や、トコフェロールなどの酸化防止剤等、製品の品質向上、品質安定のための成分です。
・その他成分／香料や着色剤などを指します。

本書では、水性成分、油性成分、界面活性剤、機能性成分、安定化成分、その他成分の順に、それぞれの代表的な成分の説明をしていきます。
また後半には、全成分表示例を見ながら、「読み解く練習」をするドリルもあります。

全成分表示を見て、今は何が書いてあるのかよくわからないという方も、本書を読んで勉強し終えるころには、手元の化粧品が「どんな化粧品で」「主にどんな成分でつくられているのか」、大まかに理解できるようになるはずです。

早速、いろいろな化粧品成分を見てみましょう。

本書の読み方

表示名称★

INCI★

トウガラシ果実エキス

CAPSICUM FRUTESCENS FRUIT EXTRACT

血行促進成分としての働き方
局所刺激型

ネガティブリスト

- トウガラシの果実から抽出したエキスです。
- 辛味成分の「カプサイシン」や、色素成分の「β-カロチン」「ルテイン」などが豊富に含まれています。
- 辛いものを食べると汗が出るように、**血行がよくなり、発汗作用があります。**入浴剤に多く使用されます。
- 頭皮を刺激し、血行を促進する成分として、スカルプケア製品によく配合されます。特に育毛効果は非常に高く、トウガラシ果実エキスが配合された育毛剤は医薬品、医薬部外品として扱われています。

エキスは黄赤色の透明な液体。写真は、原材料のトウガラシ

CiLA 読み解くコツ

ネガティブリストによる規制

刺激が強く、皮膚の負担になりやすいトウガラシ果実エキス（トウガラシエキス）や同様の性質を持つほかの成分（ショウガ根エキス、マメハンミョウエキス（慣用名カンタリスチンキ））を化粧品に配合する場合、その配合量はこれらの成分の合計で1％以下、という規制があります（抽出溶媒はエタノールに限る）。

098

以下に該当する場合、記載しています。

①分類された成分に、複数の働き方がある場合、どの働き方をするのか記載
②ポジティブリストまたは、ネガティブリストで指定されている成分

原料単体や混合原料、原材料である植物の写真、形状や香りなどの特徴が書かれています。

本書の主目的である「化粧品の全成分表示を読み解く」ために特に必要な内容をピンク色で示し、「読み解くコツ」にまとめています。2級試験に頻出の内容です。

INCI★、表示名称★など

★がついている用語は、176ページ～の用語集に解説があります。

Chapter 1

ベース成分

その名のとおり「ベース」として、化粧品の骨格をつくる成分です。「基剤」ということもあります。この章では、化粧品のベースとなる水性成分、油性成分、界面活性剤について、順に学んでいきましょう。

水性成分

化粧品の骨格を構成する成分のうち、水または水に溶けやすい成分のことです。

●基本的な働き

●固形（粉状）成分などを溶かす　●汚れを落とす　●肌を柔軟にする
●浸透を高める　●うるおいを与える　●うるおいを保つ

●水性成分の種類別一覧

種類	特徴	成分例
水	肌にうるおいを与える。	水、温泉水、ローズ水など
エタノール	清涼感や防腐力向上などの働きがあり、植物エキスなどの抽出**溶媒**★としても使われる。	エタノール
保湿剤 保水剤	水が蒸発しにくくなる。水に溶け、構造的に「水とゆるく結びつく」（次ページ参照）ことによって、水に重りがぶら下がったようなイメージ。	グリセリン、BG、DPG、アミノ酸、糖類（ソルビトールなど）、ヒアルロン酸類（ヒアルロン酸Na、加水分解ヒアルロン酸など）、コラーゲン類（水溶性コラーゲン、サクシニルアテロコラーゲンなど）など

●「水とゆるく結びつく」とは？

代表的な水性成分（保湿剤・保水剤）であるグリセリン、BG 、DPGの構造を見てみましょう。

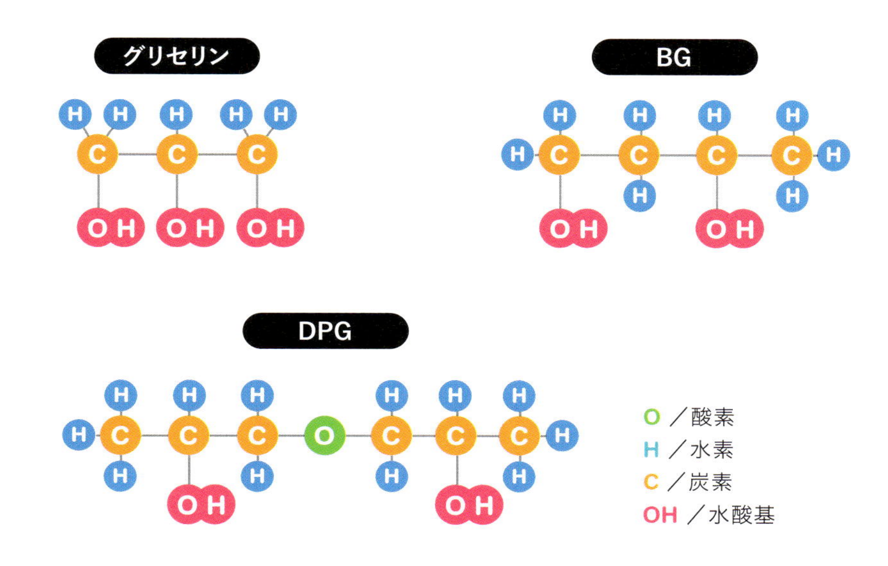

グリセリン、BG 、DPGは構造上、水（H_2O）に似た「OH」を持っているため、水に配合すると、水がくっついたり、離れたりしながら、ゆるく結合します。これを水素結合と呼びます。

ただの水を肌につけると、水分はどんどん蒸発してしまいます。しかしグリセリン、BG、DPGが配合された水を肌につけると、グリセリン、BG 、DPGの構造の中にあるOH が水をゆるく引き寄せるため、水分が蒸発しにくくなります。つまり、構造上**OHという部品の割合が多い成分は、少量でも長時間水分を蒸発しにくくする、つまり保湿・保水効果が高い、**ということになります。

グリセリン、BG、DPGの中では、グリセリンが最も多くの割合でOHを持っているため、保湿・保水効果の高さは一番です。

一方、BG、DPGは、保湿・保水力ではグリセリンに多少劣るものの、**静菌**★の働きに優れています。

そもそも物質は、水気があると腐りやすくなります。刺身のほうが、干物よりも腐りやすいですよね。ところが、ジャムやハチミツなどのようにOHを持つ砂糖がたくさん入っていると、水が自由に動けなくなり、菌の育成が妨げられるため、腐りにくくなるのです。

同じように、例えば化粧水に糖類をたくさん入れると、腐りにくくなります。しかし、高い静菌効果が得られるまでたくさん入れると、ベタベタして使用感が悪くなってしまうのです。

これに対しBGやDPGは、もともとベタつきが少なく、しかも静菌作用が高いので、比較的少量の配合でも効果的な静菌作用が得られます。

ローズマリー葉エキスやチャ葉エキスなど、植物エキスの全成分表示に「水、BG、植物名」と書かれたものがありますが、これはBGの静菌効果によって、防腐剤を入れなくても菌が増殖しにくい環境がつくられるからです。

保湿・保水剤は、その名のとおり水分を保持する働きがありますが、それに加えて防腐に優れるものや使用感向上に優れるものなど、各成分にはそれぞれ得意な働きがあります。ですから化粧品には、いくつかの保湿・保水剤を組み合わせて配合されているのです。

水
WATER

- **化粧品に最も多用されるベースの成分です。** ほとんどの化粧品に使用されます。
- ほかの成分を溶かし込み、成分の特徴を引き出す重要な成分です。
- 水だけでは蒸発しやすいので、水とゆるく結びついて水を蒸発しにくくする保湿剤との併用が必要です。

無色透明で無臭の液体

CiLA 読み解くコツ

化粧品と医薬部外品では、水の表示名称が異なります

- **化粧品**／水
- **医薬部外品**／水、精製水、常水

精製水とは

常水中のミネラルや塩素をイオン交換樹脂、活性炭などで除去したのが精製水です。

化粧品では、ミネラル（金属）が含まれていると化粧品の品質に悪影響を及ぼすことがあるので、精製水が使用されることが多いです。そのような懸念がない設計では、温泉水や海洋水、芳香水など付加価値のある水を使うこともあります。

エタノール
ALCOHOL

- 石油由来／エチレンと水から合成されるのが「合成アルコール」です。
植物由来／サトウキビなどの糖蜜を発酵して得られるのが「発酵アルコール」です。

無色透明、揮発性を持った液体で、特有のにおいあり

- **揮発**★性があります。蒸発する際に熱を奪うことから、清涼感が出たりベタつきがなくなったりします。香りも立ちやすくなります。

- 基本的に刺激を感じる成分です。アルコール消毒などに過敏な人は、エタノールの配合量が多いもの（トニックやコロン、オードトワレなど）を使う場合、使用方法を守り、使用部位や使用量に注意しましょう。

- 植物からエキス成分を取り出す際の抽出**溶媒**★としても用いられます。

- 香りをつけたり苦味成分を加えるなどしてお酒の原料として使えないようにした（飲用できないようにした）エタノールが「変性アルコール」です。

CiLA 読み解くコツ

化粧品でいう「アルコール」とは

化粧品でアルコールに分類される成分はエタノールのほか、「ブタノール」「ベヘニルアルコール」「セタノール」「コレステロール」など多種ありますが、一般にアルコールというと、エタノールだけを指します。
「フェノキシエタノール」は、成分名にエタノールという文字がついていますが、エタノールとは構造も性質も大きく異なる成分です。一般的にはアルコールに分類されることはありません。

グリセリン
GLYCERIN

保湿剤

- ヤシ油やパーム油、牛脂などの天然油脂を高温・高圧で**加水分解**★すると、脂肪酸とともにグリセリンが得られます。

- ほかの成分を溶けやすくしたり、低温になっても固まりにくくします。

無色透明で、粘性のある液体

- 化粧品にグリセリンを配合するだけで保湿効果は出ますが、ヒアルロン酸Naやコラーゲンなど、相性がよいほかの水性成分（保湿剤）と組み合せると、さらに保湿効果がアップし、のびや滑りがよくなります。

CiLA 読み解くコツ

グリセリンを使った温感化粧品

グリセリンは、水と混ざるときに発熱する性質（溶解熱）があります。

温感化粧品は、グリセリンと水が混ざるときに発生する溶解熱を利用したものが多く、グリセリンが全成分表示の一番上にきます。水は含まれていないか、含まれていたとしてもごく微量です。

つまり、グリセリンを全成分表示の一番目にくるほど多量に配合した製品は、温感化粧品であることが多い、ということです。

BG
BUTYLENGLYCOL

保湿剤

- 石油由来／「アセトアルデヒド」という化学物質から合成します。
  植物由来／発酵エタノールから合成します。

- **多価アルコール**（次ページ参照）です。

- 油性成分の溶解性や、防腐効果が上がります。製品によっては、粘度を低下させるためにも使用されます。

無色透明で、やや粘性のある液体

- 成分にもよりますが、防腐剤と一緒に用いると防腐効果が高まるため、使用する防腐剤の量を減らすことができます。

CiLA 読み解くコツ

植物エキスの抽出溶媒としても使われるBG

全成分表示にBGが出てきた場合、必ずしも保湿・保水や、防腐性の向上の働きをしているとは限りません。それらの働き以外に、エタノールと同様、植物からエキス成分を取り出す際の抽出**溶媒**★としても用いられます。

植物を、BGと水を混ぜたBG水溶液につけ込むと、植物からエキス分が染み出します。エキスが溶け込んだBG水溶液は、そのまま植物エキス原料として使われます。この植物エキス原料を化粧品に配合する場合、化粧品中にはエキスとともに微量のBGも入ってくるので、化粧品の全成分表示にはBGと記載されるのです。しかし、BGが保湿・保水や防腐力向上などの効果を示すためには、10％前後の配合量が必要です。なので抽出溶媒として使用された場合は、保湿・保水や防腐力向上などの効果は、まったく発揮しません。

全成分表示で、もしBGが1％以下と思われる位置に表示されている場合は、保湿・保水や防腐力向上のために配合されているのではなく、植物エキスの抽出溶媒として使われたものがエキスとともに化粧品に入ってきたもの、と読み解きましょう。

DPG
DIPROPYLENGLYCOL

保湿剤

- 石油から合成された**多価アルコール**（下記参照）で、PG（プロピレングリコール）製造時の副産物として得られます。
- 穏やかな保水力でベタつきが少なく、サラっとした使用感です。
- 「メントール」や「アスコルビン酸」（ビタミンC）などの各種成分をよく溶かすことができるので、広く使用されます。製品ののびをよくするために、広く化粧品に使われています。

無色透明で、やや粘性のある液体

CiLA 読み解くコツ

DPGとPGの違い

PGはプロピレングリコール、DPGはジプロピレングリコールの略です。「ジ」とはギリシャ語（49ページ）で2を意味していて、プロピレングリコール2分子が結合して1つになった構造をしているのがジプロピレングリコールです。

多価アルコールとは?

構造内に2個以上の水酸基をもつアルコールのことです。水によく溶け皮膚になじみやすい物質で、化粧品の保湿剤として広く用いられています。水酸基の数により、2価アルコール、3価アルコールなどと細かく分けることもあります。グリセリンや糖類も水酸基を2個以上持っているので多価アルコールに分類されてもいいのですが、別として分類されることがあったり、水酸基が1個しかないPEGが多価アルコールに分類されることもあるなど、参考書によって解釈にだいぶ幅があります。いずれの解釈でもBG、DPG、1,2-ヘキサンジオールなど水酸基を2個持っている保湿剤を多価アルコールに分類するという点はおおむね一致しています。

1, 2−ヘキサンジオール

1,2-HEXANDIOL

保湿剤

- 石油から合成された**多価アルコール**（27ページ参照）です。
- BG、DPG、PGと共通の構造を持ち、同様に保湿効果、抗菌効果がありますが、これらよりも抗菌力に優れています。

無色透明の液体

CiLA 読み解くコツ

「防腐剤フリー」の化粧品

1, 2-ヘキサンジオールやペンチレングリコールは、少量配合で防腐効果を示すので、「防腐剤フリー」の化粧品によく使用されます。また、防腐剤の配合量を減らすために、防腐剤と併用されることもあります。

ヒアルロン酸Na

SODIUM HYALURONATE

保湿剤

- 以前はニワトリのトサカからの抽出が一般的でしたが、近年は乳酸球菌による発酵法で製造したものも多くなってきています。

白色の粉体で、水溶液は無色透明

- たった1gで2〜6Lの水分保持力があるといわれています。

- ごく微量でも水に溶けるとろみが出ます。化粧水であれば、0.01%程度の微量配合でもテクスチャーに差が出ます。1%の水溶液になると、ゼリー状にまで粘度が上がります。
  ※pHによって、粘度が変わる場合もあります

- **分子**★量が大きくなるに従い、水溶液の粘度が高くなります。ただし、分子量の大きさが異なっても表示名称は同じなので、名前では分子の大きさはわかりません。

CiLA 読み解くコツ

ヒアルロン酸には複数のタイプがあります

- ・**ヒアルロン酸Na** ／最も多く使用される水溶液で、濃度が高くなると粘度が上がります。
- ・**アセチルヒアルロン酸Na** ／ヒアルロン酸に油性成分をくっつけたもの。角質層になじみやすく、保水力と柔軟性がアップしたヒアルロン酸です。
- ・**ヒアルロン酸ヒドロキシプロピルトリモニウム**／洗い流しても肌や髪に残りやすい、「＋」の電気を持つヒアルロン酸です。
- ・**加水分解ヒアルロン酸**／ヒアルロン酸を分解して小さくしたもので、角質層への浸透をよくしたもの。「浸透型ヒアルロン酸」ともいわれます。

水溶性コラーゲン

SOLUBLE COLLAGEN

保湿剤

- 豚や魚など、動物の皮や鱗（うろこ）から抽出した水溶性のタンパク質から得られます。本来は溶けないものが由来なので、酸やアルカリ、酵素などで溶解して抽出します。

- とてもなじみがよくサラッとしていますが、肌や毛髪の表面に保護膜をつくります。

白色の粉体。写真は、水溶液で無色透明

- 低温ではゲル状、ヒトの体温では主に液状です。

- コラーゲンは水にほとんど溶けないため、水溶性にすることで化粧品に配合しやすくした、水溶性コラーゲンを使っている化粧品が多くあります。
  化粧品でコラーゲンと呼んでいるものは、ほとんどの場合、水溶性コラーゲンか**加水分解**★コラーゲン（次ページ参照）を指します。

ゼラチンはコラーゲンの変化形

　コラーゲンは、加熱によりらせん構造がほどけて、ゼラチンになります。
　例えば鶏肉や魚の煮物をつくったときに、煮汁を冷やすとゼリー状に固まる煮こごりは、鶏や魚の皮や骨にあるコラーゲンが煮汁に溶け出してできたゼラチンのゼリーです。

CILA 読み解くコツ

加水分解の方法により分子の大きさが異なるため、使用感や効果が異なります

コラーゲン分子は3重のらせん状構造で、コラーゲンの両端にあるアレルギーの原因になり得る部分を酵素により除去したものが「アテロコラーゲン」です。化粧品で一般的にコラーゲンといわれているのはこのアテロコラーゲンで、分子が大きく、水溶液はとろみが出るので、少量の配合でも感触が変わります。

加水分解★や酵素で処理して細かくしたものが「加水分解コラーゲン」です。分子が小さく、水溶液にとろみが出ないので、感触にはほとんど影響を与えません。

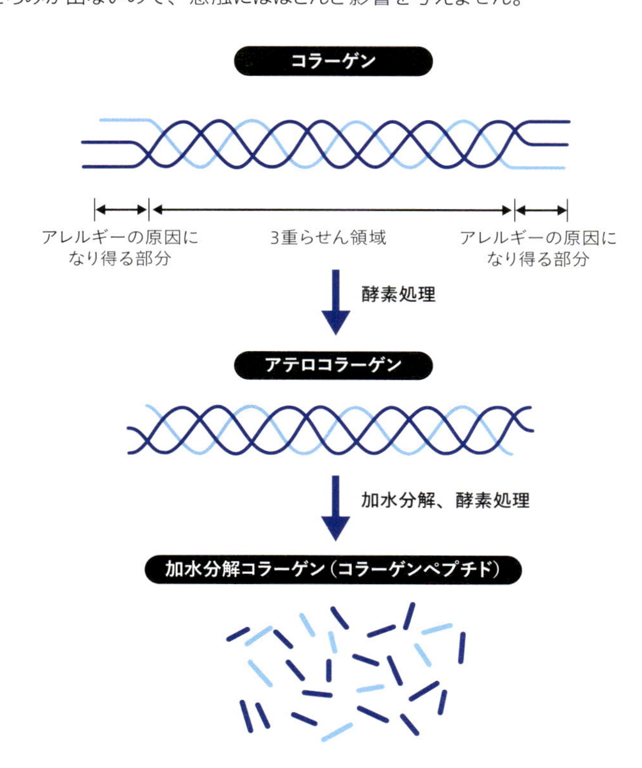

乳酸Na
SODIUM LACTATE

保湿剤

- 石油または植物由来の乳酸を「水酸化Na」で中和させたものです。
主に50～60%の水溶液や、**混合原料**★で化粧品に使用されます。

水溶液は無色透明で、やや粘性のある液体。写真は、水との混合原料

- グリセリン（25ページ参照）と同様に高い吸湿力を持つため、グリセリンの代用としても使用されます。

- 肌の角質層にもともと存在する保湿成分、NMF（下記参照）の12%を占めます。角質層にうるおいを与える、重要な保湿成分です。

- 乳酸は自然界（動植物）に多く存在する安全性の高い成分で、乾燥防止のため食品にも使用されます。

CiLA 読み解くコツ

NMFとは?

ヒトの皮膚がもともと持っている保湿機能のことをまとめてNMF（Natural Moisturizing Factorの略・天然保湿因子ともいう）と呼んでいます。

アミノ酸とその誘導体が大半を占めており、不足すると肌が乾燥し、角質層の水分量が減少します。NMFはスポンジのように吸水するため、肌にNMFが豊富にある子供の肌はみずみずしくて柔らかく、反対にNMFが少ない加齢した肌は、かたくて乾燥しやすくなります。

・**NMFの組成**／アミノ酸40%、PCA12%、乳酸Na12%、尿素7%、その他29%

PCA-Na

SODIUM PCA

保湿剤

- サトウキビ等の糖蜜からつくられた、「グルタミン酸」（アミノ酸）から合成されます。

- 吸湿力、保湿力が高く、洗浄成分に配合すると、洗浄後のつっぱり感が軽減されます。

- 角質層にもともと存在する保湿成分、NMFの一つです。NMFの12%を占め、角質層にうるおいを与える保湿成分として重要です。

白色の粉体

- ピロリドンカルボン酸ナトリウム、PCAソーダなどと呼ばれることもあります。

CiLA 読み解くコツ

ヒトが体内でつくることができる保湿剤

表皮でつくられたタンパク質は、角質層の下層から上層に押し上げられる過程で、アミノ酸まで分解されます。できたアミノ酸のうちグルタミン酸が角質層内で代謝を受けて、PCAが生み出されます。

つまり、ヒトが体内でつくることができる保湿剤なのです。

ハチミツ
HONEY

保湿剤

- ミツバチが集めた蜜から不純物を除いたものです。
- 肌あれ防止効果もあり、唇など皮膚の薄いところにも使用できます。

淡黄色の粘性の液体。写真は、精製されたもの

CiLA 読み解くコツ

化粧品用ハチミツと食用ハチミツは違う?

化粧品用のハチミツは食用のハチミツとは異なり、アレルギーや濁りの原因となる不純物を取り除き、脱臭・脱色・脱タンパクされたものが主に使用されます。

食用の場合は、おいしさとして評価される色や香りも、肌につける場合は、アレルギーの原因になることがあるからです。

しかしベース成分としてではなく、エキスとして使用される場合は、色や香りが残ったものが使用されることもあります。

クレオパトラも愛した高い保湿力

ハチミツが配合された洗顔料には、洗顔し、すすいだ後も、しっとりとした保湿力が実感できるものがあります。高い保湿力が長時間続くハチミツは、絶世の美女として名高いクレオパトラが、美しさを持続させるために愛用したことでも有名です。

Column

成分と原料の違い

化粧品をつくるために混ぜ合わせるものを、原料と呼びます。

化粧品会社は、さまざまな会社から原料を購入して、それを組み合わせることで化粧品をつくります。

原料は、例えば「CILAスーパーエキスGOLD」などの商品名がついて販売されています。

その原料の中身が何でできているかを指すのが、成分です。

水やグリセリン、セージ葉エキスなど、いろいろな名前がついています。

原料は1種類の成分でできているものもあれば、複数の成分を混ぜ合わせてできているものもあります。

私たちの体はアミノ酸でできています

私たちの体を構成している数十万種類にも及ぶタンパク質は、わずか20種類のアミノ酸のさまざまな組み合わせでつくられています。

自然界に存在するアミノ酸は約500種と多数ですが、そのうち人間の体を構成しているのは20種なのです。

これら20種類のアミノ酸は、私たちの体にとって欠かせないエネルギー源です。

例えば、肌に存在する保湿成分のコラーゲンも、アミノ酸で組成されています。

油性成分

油性成分はスキンケアにおいて、皮膚に対する保水作用や柔軟作用、保護作用のために、乳液やクリームに配合される成分です。

また、ファンデーションや口紅など、メークアップ化粧品の色素成分を均一に塗り広げたり、化粧ノリをよくする目的で使用され、そのメークアップ化粧品を落とすためのメーク落としにも配合されます。

ヘアケア化粧品では、髪へのツヤやセット性を与えるためにも配合されます。

油性成分は、「液状油」「ペースト油」「固形油」など形状で分類する方法や「動物油」「植物油」「合成油」など由来で分類する方法などさまざまありますが、本書では化学構造で分類する方法で説明をします。このような化学構造を持った油はこのような性質や機能を持っているからこんな使われ方をするといった分類と使われ方の関係性が比較的きれいに整理できるので化粧品の中身を勉強するには適した分類方法です。

●油性成分の種類別一覧

種類	成分例
炭化水素	ミネラルオイル、ワセリン、スクワラン
高級脂肪酸	ラウリン酸、ミリスチン酸、パルミチン酸、ステアリン酸、オレイン酸、ヤシ脂肪酸、パーム脂肪酸
高級アルコール	ステアリルアルコール、ベヘニルアルコール、セタノール、コレステロール
ロウ（ワックス）	植物性のロウ／キャンデリラロウ、ホホバ種子油 動物性のロウ／ミツロウ、ラノリン
油脂	植物性油脂／マカデミア種子油、オリーブ果実油、アルガニアスピノサ核油（通称：アルガンオイル）、ヤシ油、シア脂 動物性油脂／馬油
エステル油	エチルヘキサン酸セチル、トリエチルヘキサノイン、ミリスチン酸イソプロピル、トリ（カプリル酸／カプリン酸）グリセリル
シリコーン	ジメチコン、ジフェニルジメチコン、シクロペンタシロキサン

本書では、水にも油にも溶けにくいシリコーンを、広い意味で水に溶けない性質から、油性成分として分類します（分類に関しては各社多様です)。フッ素を含む油性成分など他にもいくつか特徴的な化学構造を持った油性成分もありますが、採用例は少なく化粧品の中身理解にとっても重要性は低いため本書では左記7分類に絞って説明しています。

①炭化水素

炭化水素は、その種類名のとおり、炭素（C）と水素（H）だけでできた油性成分です。

酸素（O）をまったく含まないため、構造上、水（H_2O）に溶けやすい性質の部分（親水基）が全くなく、水になじみません。そのため、**肌から水分が蒸発するのを抑制する効果に優れています。**乳化しやすいのも特徴です。

②高級脂肪酸

炭化水素に、「カルボキシ基」（-COOH）が結合した構造の油性成分を**高級脂肪酸**と分類しています。

単独で使用することは少なく、多くの場合は、アルカリ成分（水酸化Naや水酸化Kなど）と混ぜて、**石ケンを合成する際に使います。**

③高級アルコール

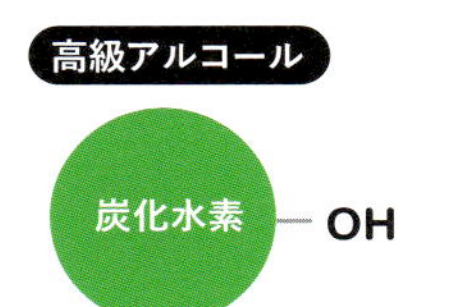

炭化水素に、「水酸基」（-OH）が結合した構造を**高級アルコール**と分類しています。

クリームのかたさ調整や、乳化を助ける乳化助剤として使用されます。

カルボキシ基（-COOH)、水酸基（-OH)）といわれても、よくわからないかもしれません。しかし、高級脂肪酸と高級アルコールは、炭化水素に酸素（O）を含んだ構造になるため、少しは水になじむのかな、ということが想像できますね（高級／低級については43ページ参照)。

④ロウ（ワックス）

高級脂肪酸のカルボキシ基と高級アルコールの水酸基が結合した構造の成分が主成分となっている天然の油性成分が、**ロウ（ワックス）**です。

スティック状化粧品やヘアワックスの基材として、または、クリームのかたさ調整、ツヤ向上に使用されます。ロウは熱すると溶ける固形のイメージがありますが、ホホバ種子油のような液体や、ラノリンのような半固体（ペースト）もあります。

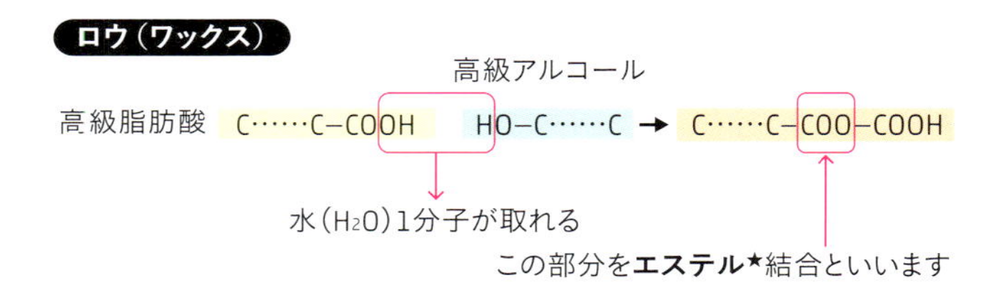

⑤油脂

高級脂肪酸3分子のカルボキシ基がグリセリン1分子の水酸基3カ所にそれぞれ結合した構造（**トリグリセリド★**）の成分が主成分となっている天然の油性成分が**油脂**です。

一般的に「あぶら」といわれるもので、室温で液体のものを「油」または「脂肪油」、ペーストまたは固体のものを「脂」または「脂肪」といいます。結合している高級脂肪酸の種類や比率はもととなる動植物によってさまざまで、感触や性状など特徴が異なる多くの油脂が化粧品に使われます。

皮脂の主成分で、水分蒸散抑制や肌を柔らかくする「エモリエント効果」に優れています。

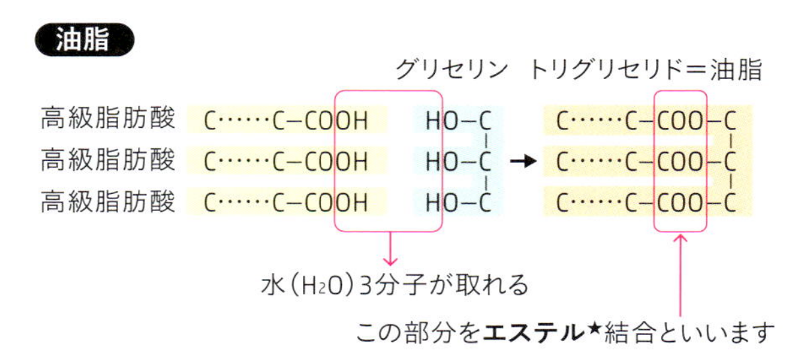

⑥エステル油

カルボキシ基と水酸基が結合するエステル化反応を利用して合成した油性成分を総称して**エステル油**といいます。

天然に存在するものと同じ構造を持った油性成分、天然には存在しない構造の油性成分などいろいろなものが合成されています。

エステル油は、入手が不安定な天然油の代替用や融点、使用感、安定性、安全性、性状、相溶性、抱水性、価格など天然油では実現できないさまざまな機能や特徴を持った油が作られており化粧品にとって欠かせない成分のひとつです。

エステル結合とは?

カルボキシ基と水酸基は水分子が1つ取れて結合することができます。この反応のことを「エステル化反応」と呼び、結合部分を「エステル結合」と呼びます。

高級脂肪酸にはカルボキシ基があり､これを高級アルコールの水酸基と結合させるとロウ（ワックス）の主成分と同じ構造の油性成分を合成することができます（合成ロウ）。また、高級脂肪酸のカルボキシ基をグリセリンに3個ある水酸基にそれぞれ結合させると油脂の主成分と同じ構造の油性成分を合成することができます（合成油脂）。

⑦シリコーン

シリコーンは、ケイ素（Si）と酸素（O）のつながりを軸に、1本の鎖状に連なっている構造の「直鎖状シリコーン」と、輪のような丸い構造の「環状シリコーン」の2種類に分けられます。

「シリコーン（Silicone）」は、ケイ素と酸素が交互につながったシロキサン結合を骨格とした化合物の総称で化粧品に幅広く用いられている成分です。一方で「シリコン」（Silicon）は、半導体や太陽電池の原料に用いられる「ケイ素」（Si）という元素で、シリコーンとは異なる材料です。読み方が似ていて間違えやすいですから注意しましょう。

シリコーンの基本構造

ケイ素（Si）と酸素（O）の繰り返し構造（シロキサンといいます）

低分子は、サラサラとした液状ですが、これが下のように長くなる＝高分子になるほど粘度が高くなり、固形状にまでなります。

撥水性が高く、サラッとした感触です。ウォータープルーフの目的で油性成分を高配合する日焼け止めやリキッドファンデーションなどに使用されています。

スクワラン
SQUALANE

油性成分の種類
炭化水素

● 深海に生息するサメ類の肝油中に多く含まれるスクワレンを、酸化しないように**水素添加★**し安定化させたものです。
また、ベニバナやコーン、オリーブオイルからも取れ、オリーブから取れたものは**「植物性スクワラン」**といわれます。
近頃は、消費者が植物性の成分を好む傾向にあることや、一部の深海サメが海洋資源保護の観点で捕獲規制されるようになったことなどから、植物性スクワランが使われることが増えています。

無色透明で無臭の液体

● 保湿、柔軟作用があります。肌のバリア機能を高めます。

● 皮膚に対する浸透性がよく、潤滑性に優れ、ベタつかないといった特性を持つため、感触改良の目的でも使われます。

● 紫外線、熱、空気（酸化）に強く、非常に安定しています。

● 皮膚に対する刺激はほとんどありません。

CiLA 読み解くコツ

スクワランとスクワレンの違いって?

スクワランは天然に存在しませんが、スクワレン（またはスクアレン）は天然に存在します。
スクワレンは酸化しやすいため、水素を結合させて安定性を高めたのが、スクワランです。肌のバリア機能を高めます。

ミネラルオイル

MINERAL OIL

油性成分の種類

炭化水素

- ミネラルオイルは、ワセリンと同様に石油から得られる成分です。**室温で液体＝ミネラルオイル、室温でペースト状＝ワセリン**なので、本質的には同じものと考えられます。

無色透明で無臭の液体

- 肌への吸収性が低いため肌表面にとどまりやすく、水分蒸発を防ぐ保護力に優れています。

- メイク製品の油性成分と混ざりやすく安全性に優れて価格も手頃なので多量の油を必要とするクレンジング製品の油性成分として使用されます。

鉱物油＝ミネラルオイルは肌によくない？

1970年代に、精製度の低い鉱物油を使った化粧品が市場に出回り、これを使用した人が油やけを起こしたことがありました。この油やけの原因は鉱物油そのものではなく、精製度の低い鉱物油に含まれていた不純物にあったことが、のちに解明されています。

しかしこの一件から、今でも「鉱物油は肌によくない」というイメージを持つ方がいます。

現在化粧品には、石油を分留・精製し不純物を取り除いた、精製度の高い油性成分だけが使われています。

代表的なものにワセリンやミネラルオイルがあります。ワセリンはその安全性の高さから、皮膚科で処方される塗り薬の基剤や、パッチテストの基材としても使われています。ミネラルオイルは、ベビーオイルの原料にもなっています。

植物由来・動物由来の油も、搾油したままでは多くの不純物を含んでおり、中には肌によくない不純物が含まれていることもあります。そのため、鉱物油と同じく高度な精製で不純物を取り除いた安全な油が、化粧品用として製造されます。

しかしながら、オーガニックやナチュラルを謳うオイルの中には、「自然の恵みをそのまま肌に受け入れる」という考え方から、あえて高度な精製をせず、目に見える大きな不純物をフィルターを通して取り除いただけの、非常にナチュラルなものがあります。

肌が敏感な方は、無条件に「植物系・動物系のほうが肌に優しい」と判断するのではなく、刺激になりやすい不純物が限りなく取り除かれた、純度の高い油性成分を選ぶとよいでしょう。

ステアリン酸
STEARIC ACID

油性成分の種類
高級脂肪酸

- ヤシ油やパーム油、牛脂などの天然油脂を高温・高圧で**加水分解**★すると、グリセリンとともにステアリン酸が得られます（下記参照）。

- 油剤として、クリームののびやかたさなど、質感調製のベース成分として使用されます。

フレーク状やビーズ状など、使いやすい形状にされている

- 消費者が動物由来より植物由来を好む傾向が強いため、成分としては同じですが、植物油脂由来が主流になっています。

- アルカリ成分(水酸化Naや水酸化Kなど)と反応させて、石ケンを合成する原料としても使われます。

CiLA 読み解くコツ

油脂から高級脂肪酸に変身

油脂を加水分解すると、グリセリンと、さまざまな高級脂肪酸を含む混合物に分かれます。

グリセリンは保湿剤として、高級脂肪酸はさらにラウリン酸、ミリスチン酸、ステアリン酸などに分別されて、化粧品に使われます。

また、油脂を分解してグリセリンだけを取り除き、さまざまな高級脂肪酸を含んだままの混合物を、化粧品に使うこともあります。この場合、さまざまな高級脂肪酸を含む混合物は、分解前のもとになった油脂の名前を用いて「◯◯脂肪酸」と命名されます。

例えば、油脂の一種であるヤシ油を分解してグリセリンを取り除き、あとに残ったさまざまな高級脂肪酸を含む混合物は、「ヤシ脂肪酸」と呼ばれます。

油脂を分解して得られるさまざまな高級脂肪酸の混合物の中で、化粧品によく使われている成分としては、ほかに「パーム核脂肪酸」「サフラワー脂肪酸」などがあります。

セタノール
CETYL ALCOHOL

油性成分の種類
高級アルコール

- ヤシ油、パーム油、牛脂などから化学的に処理し、分離精製されて得られます。
- クリームののびや硬さを調整し安定性を高める働きに優れます。
- 界面活性力があり、クリームや乳液に配合すると、乳化の安定性が高まります。

白色のビーズ状

- 炭素数16の高級アルコールです（下記参照）。少量の水なら溶かし込むことができます。

「高級」な油性成分って、“値段が高い”油性成分という意味？

高級脂肪酸や高級アルコールの「高級」とは、”値段が高い”という意味ではありません。

炭素（C）がいくつもつながっている「炭素鎖」の末端に、カルボキシ基（-COOH）がついた構造を脂肪酸、水酸基（-OH）がついた構造を、アルコールと呼びます。

カルボキシ基（-COOH）や水酸基（-OH）は水に溶けやすい性質を持っているので、炭素鎖が短いと水に溶けやすくなり、炭素鎖が長くなると油の性質が強く出て、水に溶けなくなります。

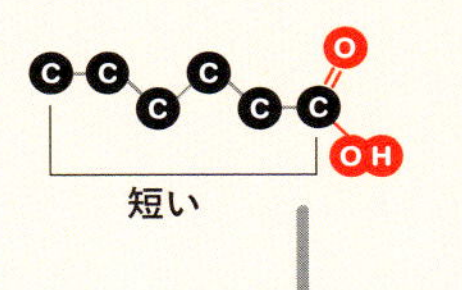

炭素鎖が短く、水に溶けやすい脂肪酸を「低級脂肪酸」、アルコールを「低級アルコール」と呼びます。

また、炭素鎖が長く、水に溶けない脂肪酸を「高級脂肪酸」、アルコールを「高級アルコール」と呼びます。

低級と高級の境目は明確ではありませんが、炭素の数が12以上のものを高級、と呼ぶことが一般的です。

長い

ホホバ種子油

SIMMONDSIA CHINENSIS (JOJOBA) SEED OIL

油性成分の種類
ロウ(ワックス)

- ホホバの種子から圧搾・精製して得られる植物性のロウです。
- 優れた保湿効果があります。乾燥した皮膚に油分を補い、水分の蒸発をしっかりと防いで肌を保護します。
- 皮膚への浸透性がよく、ベタつかずさっぱりした使用感です。

脱臭・精製されると無色透明

- **低温で固化しやすく、気温が約7°C以下になるとかたまります。**
  ホホバ種子油配合のマッサージオイルなどは、冬期や低温になる環境下では、保管場所や取り扱いに注意が必要です。ただし、一度かたまっても温度が上がればまたもとに戻り、品質にも問題はありません。
- 同じ植物由来の油でも、油脂に分類されるオリーブ果実油に比べて酸化しにくく、劣化しにくいのが特徴です。
- 油脂は、ニキビの原因となるアクネ菌のエサになります。しかし構造が違うロウは、アクネ菌のエサになりません。そのため、ロウに分類されるホホバ種子油は、肌につけてもニキビになりにくいといわれています。

CiLA 読み解くコツ

天然のロウは、由来によって次のようなものがあります

- **植物由来**／キャンデリラロウ、ウルナウバロウ、ホホバ種子油
- **動物由来**／ミツロウ、ラノリン、オレンジラフィー油
- **鉱物由来**／セレシン、オゾケライト、モンタンロウ

ミツロウ

BEESWAX

油性成分の種類
ロウ(ワックス)

- ミツバチ（働きバチ）の巣を構成するロウを精製したものです。
- 粘りがあり乳化しやすい、天然のロウです。
- 古くから化粧品に配合されている、保湿力の高い素材です。
- 密閉性が高いので、皮膚の保護効果が高いです。

わずかに特異なにおいのある固体

- クリームののびの調整、マスカラの皮膜形成、ヘアワックスのスタイリングなど幅広く使われています。

CiLA 読み解くコツ

ハチミツ、ミツロウ、ローヤルゼリー、プロポリス、何が違うの？

- **ハチミツ**／ミツバチが集めた花蜜からできています。
- **ミツロウ**／ミツバチの巣から摂取したロウです。
- **ローヤルゼリー**／ミツバチが分泌する物質で、女王蜂のための特別食から得られるエキスです。
- **プロポリス**／ミツバチの巣から得られる樹脂状物質です。

オリーブ果実油

OLEA EUROPAEA (OLIVE) FRUIT OIL

油性成分の種類
油脂

- モクセイ科の木、オリーブの果実を圧搾して得られる植物性の油脂です。

- スクワランやミネラルオイルなどの炭化水素と違い、水分を抱え込みます。そのため、高い保水効果を発揮します。
また、肌を柔らかくし、水分蒸散を防ぎます。

わずかに特異なにおいのある淡黄色の液体。写真は、精製されたもの

- オリーブ果実油などの油脂は、皮脂の約40%を占める「トリグリセリド」が主成分です。トリグリセリド自体は直接肌に悪影響を及ぼしません。しかし、ニキビの原因となるアクネ菌のエサになるため、アクネ菌に分解されると炎症を引き起こす場合があります。

肌の皮脂ってどんな油性成分からできているの?

皮脂を構成する油性成分には以下のようなものがあります。

脂質	平均値
トリグリセリド	41.0%
ワックスエステル	25.0%
遊離脂肪酸	16.4%
スクワレン	12.0%
ジグリセリド	2.2%
コレステロールエステル	2.1%
コレステロール	1.4%

遊離脂肪酸には、主にパルミチン酸、オレイン酸、パルミトレイン酸、ミリスチン酸、ステアリン酸、ラウリン酸、リノール酸などが含まれています。その中でも特に多いのはパルミチン酸、オレイン酸、パルミトレイン酸です。

ミリスチン酸イソプロピル
ISOPROPYL MYRISTATE

油性成分の種類
エステル

- ヤシ油やパーム核油から得られる高級脂肪酸「ミリスチン酸」と、石油から得られる低級アルコール「イソプロパノール」を合成したものです。
- 皮膚に対して浸透性がよく、ソフトでさっぱりとした感触を与えます。サラっとした使用感です。

無色透明で粘度の低い液体

- ハンドクリームやリキッドファンデーション、クレンジングオイルなどに使われます。

トリエチルヘキサノイン
TRIETHYLHEXANION

油性成分の種類
エステル

- エチルヘキサン酸（高級脂肪酸）3分子とグリセリン1分子がエステル結合した構造のエステル油です。
- 天然に存在すれば油脂に分類される構造のエステル油なので合成油脂とも呼ばれます。

無色透明の粘性の低い液体

- 酸化安定性に優れた液状油で、さまざまな化粧品の油剤として広く使われています。

ジメチコン
DIMETHICONE

油性成分の種類
シリコーン

- 高い**撥水★**力があります。

- 低分子のジメチコンは粘度が低くサラッとしたテクスチャーです。**揮発★**性があるため、洗い流さないヘアトリートメントに使用されます。

無色透明で粘性のある液体

- 高分子のジメチコンは、水あめのように高粘度で、コーティング力に優れています。しかし揮発性はないので、洗い流すヘアトリートメントに多用されます。
（高分子、低分子のイメージは39ページ「シリコーンの基本構造」参照）

- 代表的な直鎖状シリコーンです。

CiLA 読み解くコツ

ジメチコンの類似成分もよく化粧品に使われます

・**アモジメチコン**／しっとりタイプのトリートメントに使われており、もちがよいため集中パックにも使われます。「＋」の電子を持つので毛髪表面に吸着しやすく、柔らかさ、なめらかさ、しっとり感を与え、まとまりをよくします。
・**ジメチコノール**／ジメチコンよりも肌や髪になじみやすく、しっとり感が出ます。
・**フェニルトリメチコン**／炭化水素がついたシリコーン。ほかの油に溶けやすく、ツヤが出ます。

シクロペンタシロキサン

CYCLOPENTASILOXANE

油性成分の種類
シリコーン

- 肌に塗布した後は徐々に揮発し、ベタつかず、サラッとした感触を与えます。ベタつき感を残したくないリキッドファンデーションや、日焼け止めによく使われます。
- 代表的な環状シリコーンです（39ページ参照）。

無色無臭の揮発性のある液体

ノンシリコーンがいいと聞くけれど、シリコーンってよくない成分なの？

「シリコーンが配合されているトリートメントを使用している髪は、パーマがかかりにくかったり、髪の毛の色が染まりにくい」という「シリコーンは、美容師泣かせの成分」という逸話から始まり、「シリコーンは、毛穴を塞ぐ、皮膚呼吸を妨げる」という誤解が広がっています。

シリコーンは髪に皮膜をつくるので、その皮膜によってパーマ液やカラー剤が浸透しにくくなることはあるかもしれません。

しかし一方で、髪にツヤが出て、サラサラとした指通りになり、髪が皮膜で少し重くなる分、落ちつくという効果もあります。そのため髪の損傷や髪のボリュームを抑える製品などでよく使われます。

CiLA 読み解くコツ

油性成分にはさまざまな性状のものがあります

油性成分は室温で固形、ペースト状、液体などさまざまで、これらを組み合わせることで化粧品に複雑な感触を与えてくれます。

- **固体**／ミツロウ、キャンデリラロウ、モンタンロウ
- **半固体**／シア脂、ワセリン
- **液体**／ホホバ種子油、アルガニアスピノサ核油（通称：アルガンオイル）

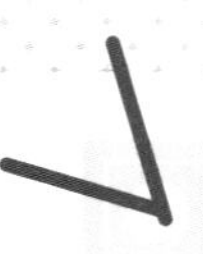

分子の数え方は、ギリシャ語が語源

全成分表示を見ていると、「ジグリセリン」と「グリセリン」など、名前が似ている成分がよく出てきます。これは、「成分の構造がいくつの分子数で構成されているか」によって名前が異なってくるからです。分子の数え方は、ギリシャ語が語源になっています。

モノ	ジ	トリ	テトラ	ペンタ	ヘキサ
1	2	3	4	5	6

●「シクロペンタシロキサン」と「シクロヘキサシロキサン」の例

シクロ　**ペンタ**　シロキサン
↓　↓
環状　5個
シロキサンが5個、環状に連なっている構造を示しています。

シクロ　**ヘキサ**　シロキサン
↓　↓
環状　6個
シロキサンが6個、環状に連なっている構造を示しています。

●「ジステアリン酸スクロース」と「トリステアリン酸スクロース」の例

ジ　ステアリン酸　スクロース
↓
2個
ステアリン酸2個がスクロース一つに結合した構造を持つ成分です。

トリ　ステアリン酸　スクロース
↓
3個
ステアリン酸3個がスクロース一つに結合した構造を持つ成分です。

界面活性剤

悪者扱いされることが多い界面活性剤ですが、しかし本当は悪者ではなく、化粧品をつくる上では欠かせない重要な成分。しかも自然界、そして私たちヒトの体内にも存在する成分なのです。

●そもそも界面活性剤って?

「界面」とは、物体の境目のこと。性質が合わず、しっくり調和しない仲が悪い状態を「水と油」というように、水と油を一つの容器に入れると、間に境目ができます。これが界面です。

水と油は仲が悪いので、本来混ざり合うことはありません。

しかし乳液やクリームのように、水分と油分を両方使ってつくる化粧品は、これらがきれいに混ざり合った状態にしなくてはなりません。

そこで使われるのが、界面活性剤です。

●界面活性剤の構造

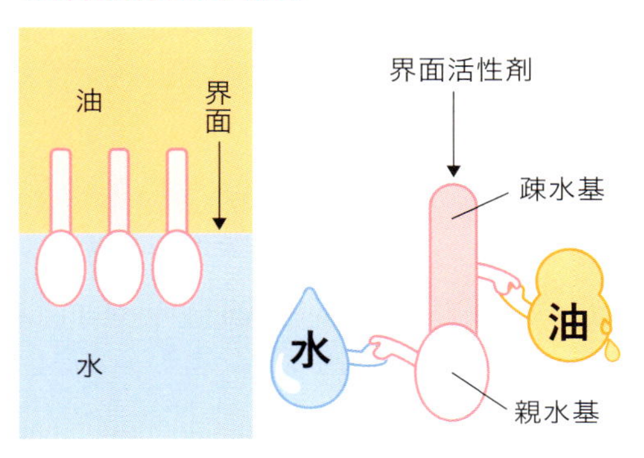

界面活性剤は、水と仲がよい部品の「親水基」と、油と仲がよい部品の「親油基」(水と仲が悪い、という意味で「疎水基」とも呼びます)をあわせ持っています。

水と油が入った容器に界面活性剤を入れると、親水基は水に溶けようとし、親油基は油に溶けようとして図のように自然と水と油の境目に集まって並びます。その結果、水と油が直接接触することがなくなります。

仲の悪い水と油の間に両者と仲がいい界面活性剤が入ることで、水と油が直接触れ合うことがなくなるのでケンカできずに水と油が混ざった状態が長続きするようになります。これが乳化と呼ばれる現象です。

●身近な天然の界面活性剤

界面活性剤は、私たちの身近なところに存在しています。

例えば、酢・卵黄・油からなる調味料マヨネーズ。酢と油はそのままだと混ざりませんが、卵黄に含まれる「卵黄レシチン」が界面活性剤の働きをすることで、混ぜても分離することなく、マヨネーズになります。

また、私たちが生まれてはじめて口にする母乳。赤ちゃんの成長に必要な水分と脂質を無理なく一緒に吸収できるよう、母乳は「カゼイン」という界面活性剤で乳化されているのです。

天然の界面活性剤の働きにより、水分と油分がきれいに混ざり合っているものとしては、ほかにも牛乳やバター、アイスクリームなどがあります。

界面活性剤は危険なの?

石ケンは、古くから体や衣服、物を洗うために使われている「アニオン界面活性剤」の代表例ですが、危険なものとは思われていません。

石ケンは天然の界面活性剤だから安全で、合成の界面活性剤は危険、という説明も見かけますが、石ケンは天然物ではありません。高級脂肪酸、または油脂を、強アルカリと反応させて合成した成分です。石ケンをつくる中和反応やケン化反応（60ページ参照）は、合成反応ではない、という説明もあるので、合成ではなく、人工といいかえてもいいでしょう。

いずれにせよ石ケンという人工の界面活性剤は、数百年にわたって安全に使い続けられています。それだけを見ても、“人工の界面活性剤は危険”という説は、実に無意味であることがわかるでしょう。

逆に、天然の界面活性剤である「サポニン類」の中には、赤血球を破壊する溶血作用を持つものがあります。“天然の界面活性剤だから安全”でもないのです。

このように界面活性剤には、人体に危険なものもあれば安全なものもあり、且つ天然か否かも関係ありません。界面活性剤に限らず化粧品に使われるすべての成分は、一つ一つ安全性を調査しながら選ばれています。より安全な成分を探し、つくり出す研究開発が、今も続けられています。

● 界面活性剤の種類

界面活性剤は、水に溶けたときのイオン化の状態によって四つに分けることができます。

※本書では、一般的に認知度が高いほうの名称で記載しています

種類	主な成分例	主な表示名称の見分け方
①アニオン（陰イオン）界面活性剤 Anionic surfactant 水に溶けると親水基が陰イオン（−）になる	石ケン素地、ラウレス硫酸Na、オレイン酸Na、ラウリル硫酸Na、ココイルグルタミン酸Na、ココイルメチルタウリンNa	・「石ケン」を含む ・「○○酸Na（K、TEA）」で終わる ・「○○タウリンNa（K、Mg）」で終わる ※「○○酸」が油性ではない場合は例外（例：硫酸Na、乳酸Na、クエン酸Na、炭酸Na）
②カチオン（陽イオン）界面活性剤 Cationic surfactant 水に溶けると親水基が陽イオン（＋）になる	ステアルトリモニウムクロリド、ベンザルコニウムクロリド、ステアルトリモニウムブロミド、ステアラミドプロピルジメチルアミン	・「○○クロリド」で終わる ・「○○ブロミド」で終わる ・「○○アミン」で終わる
③両性（アンホ）界面活性剤 Amphoteric surfactant 水に溶けると周りのpHがアルカリ性なら親水基が陰イオン（−）に、酸性なら陽イオン（＋）になる	コカミドプロピルベタイン、ラウラミドプロピルベタイン、ココアンホ酢酸Na、水添レシチン	・「○○ベタイン」で終わる ・「○○アンホ」を含む ・「○○オキシド」で終わる
④非イオン（ノニオン）界面活性剤 Nonionic surfactant 水に溶けても親水基はイオンにならない	オレイン酸ポリグリセリル-10、PEG-60水添ヒマシ油、ポリソルベート60、ステアリン酸ソルビタン、イソステアリン酸PEG-20グリセリル	・「○○ポリグリセリル-（数）」で終わる ・「PEG-（数）」を含む「○○グリセリル」で終わる ・「○○ソルビタン」で終わる ・「ポリソルベート」で始まる ・「ソルベス」を含む ・「ラウレス-（数）」「セテス-（数）」「オレス-（数）」「ステアレス-（数）」「ベヘネス-（数）」「トリデセス-（数）」「ミレス-（数）」「イソステアレス-（数）」「コレス-（数）」とつく ・「○○DEA（MEA）」で終わる

● 四つの特徴と主な用途

①アニオン（陰イオン）界面活性剤：洗浄が得意

・乳化、分散、洗浄に利用されます。
・衣類や食器を洗う洗浄剤として、また化粧品では、シャンプー、ボディーソープ、石鹸などの製品に利用されます。
・洗浄力が強く、泡立ちがよいのが特徴です。

②カチオン（陽イオン）界面活性剤：帯電防止や殺菌が得意

・**帯電防止は、カチオン（陽イオン）界面活性剤だけの特徴です。**
・吸着力はリンスやヘアコンディショナーなどの製品に、殺菌力は制汗剤などのデオドラント製品に利用されます。
・毛髪や細菌の体は、「−」に帯電するタンパク質が主成分です。そこに「＋」に帯電したカチオン（陽イオン）界面活性剤が近づくと、「＋」と「−」が引き合い、毛髪や細菌の表面がカチオン（陽イオン）界面活性剤で被われます。被われた表面は性質が変わり、その結果、毛髪ならツルッとした手ざわりに、細菌であれば体表面が変質して破壊（殺菌）されます。

③両性（アンホ）界面活性剤：皮膚への刺激性や毒性が低く、いろいろな場面で活躍

・陰イオン性、陽イオン性のどちらにもなれ、陰イオン性のときはマイルドな洗浄力を、陽イオン性のときはマイルドな殺菌力を発揮します。
・シャンプーの泡立ちや増粘、コンディショニング効果を補助したり、乳液の乳化状態を安定化させる、という使い方もあります。

④非イオン（ノニオン）界面活性剤：乳化が得意

・水に溶けてもイオンに分かれないため、どんなイオン性の成分とも自由に組み合わせることができます。
・乳化剤や可溶化剤、増粘剤として、またマイルドな洗浄剤としてなど、さまざまな使い方をされます。
・イオン界面活性剤と比べて泡立ちが少ないため、食洗機専用洗剤としても使われています。
・疎水基（親油基）の種類を変えたり、親水基の種類や結合の度合いを変えることにより、親油性・親水性どちらかの性質を強く持つものを合成できる利点があります。

イオンって何?

物質を細かくくだいて、これ以上小さくならないという状態まで近づけたものを原子といいます。

原子は、＋の電気を持つ「原子核」を中心に、そのまわりをグルグルまわる、－の電気を持つ「電子」でできています。

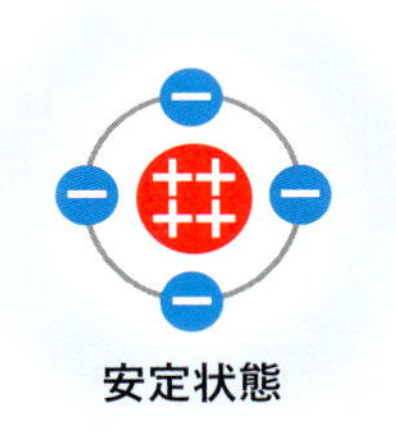

安定状態

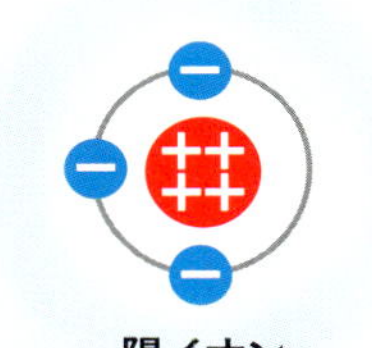

陽イオン
電子を失った状態

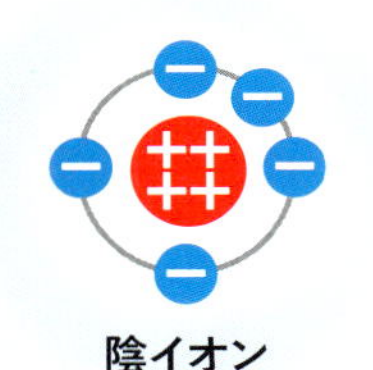

陰イオン
電子を得た状態

＋と－の電気がちょうどつりあって、＋でも－でもない安定状態から、何かのはずみで電子が1個や2個とれてしまうことがあります。すると－の電気が減って、＋の電気が余り、原子は＋の電気を持った状態になります。これが、陽イオンです。

反対に、＋でも－でもない安定状態から、何かのはずみで、電子が1個や2個くっつくこともあります。すると、－の電気が余り、原子は－の電気を持った状態になります。これが、陰イオンです。

● 界面活性剤の主な働き

①洗浄

毛髪や体に付着した皮脂やメークなどの油汚れの周りに、界面活性剤が親油基の側を汚れに向けて包み込むようにして集まって汚れをはがし、親水基が水になじませて洗い流します。

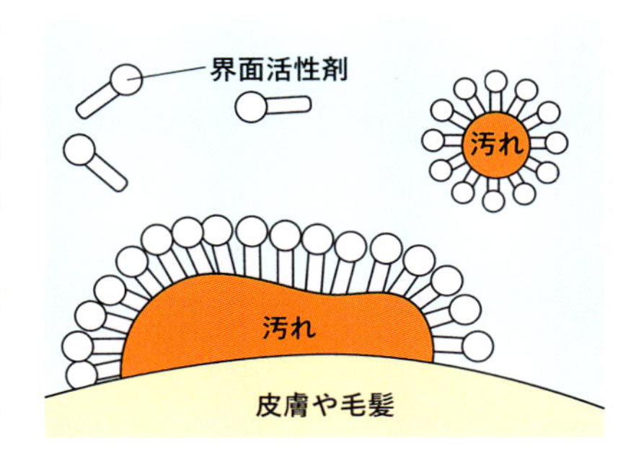

実は、食器用洗剤や洗濯用洗剤も同じ仕組みです。ただし、食器や衣類という、人体とは違うものに付着した油を取り除くことが目的なので、手あれ防止などは考慮されているものの、油を落とす力がより強い界面活性剤が使われることが多いです。

②乳化

水と油をかき混ぜていると、一見、均一に混ざり合っているように見えます。しかし、かき混ぜるのをやめると、分離します。

かき混ぜるのをやめてもすぐに分離せず、長時間、均一に混ざり合った状態を保つようにするのが、「乳化」です。

乳化によって、水と油が長時間混ざり合った状態のものを「乳化物」または「エマルション」といいます。

乳化には、水とも油とも仲がいい性質の界面活性剤が、重要な役割を果たします。

③分散

乳化は、液体同士が均一に混ざり合っているのに対し、形態が違うもの同士が沈殿を起こさず、均一に混ざり合った状態にすることを「分散」と呼びます。

例えば、リキッドファンデーションは、エマルジョン（液体）に、顔料（固体）を混ぜ込みますが、顔料の重さは種類によってさまざまなので、ただ混ぜるだけでは、ある顔料は容器の底に沈み、ある顔料は浮き上がり、製品全体で一定の色合いが保てません。

そこへ界面活性剤を加えると、顔料の表面が油や水となじみやすくなり、エマルジョンの中で沈んだり、浮き上がったりせず、均一にうまく混ざり合った状態を保つことができるのです。

身近な例では、固体であるココアの粉末が、液体である牛乳中に均一に分散しているココア飲料が挙げられます。

④湿潤

水をはじく性質を持った固体の表面（皮膚もそうです）を、水に濡れやすくするのが「湿潤」です。

例えば、洗顔後の肌にも皮脂がありますが、そこへ化粧水を塗布しようとしても、水と油のため、通常ははじいてしまいます。

そのなじみをよくするのが、湿潤という働きです。

ファンデーションやクリームなどの構造とテクスチャー

●O/W型（Oil in Water型）

・水中油型ともいい、水の中に油が分散した状態のことです。
・最初に肌に触れるのは水なので、みずみずしいジェルや乳液、クリームに多用されます。
・構造の外側に水があるので、サラッとしていて水によくなじみ、水で簡単に洗い流せるのが特徴です。
・身近な例では、牛乳です。水になじむため、コーヒーに入れるとよく混ざります。

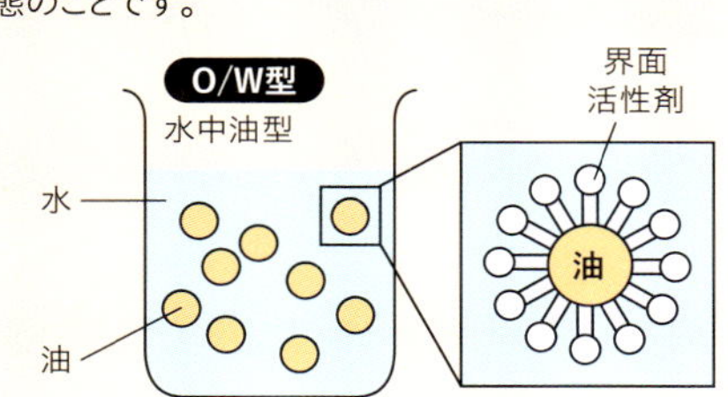

●W/O型（Water in Oil型）

・油中水型ともいい、油の中に水が分散した状態のことです。
・化粧品では、油が多めでややベタつくものの、汗で流れにくいため、ウォータープルーフタイプのリキッドファンデーションや日焼け止めなどに使われます。
・外側に油があるため、水だけでは洗い流しにくいのが特徴です。
・身近な例では、バターです。牛乳と違い、コーヒーに入れても混ざりません。

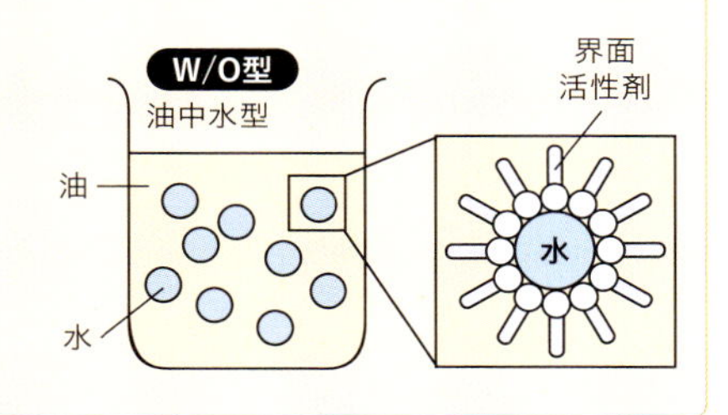

ラウレス硫酸Na

SODIUM LAURETH SULFATE

界面活性剤の種類

アニオン界面活性剤

- 石油由来の合成のものと、植物（ヤシ油等）由来の合成のものがあります。
- 油に対する洗浄力が大変高いです。
- 微量配合で泡立ちがとてもよくなります。起泡力が高いので、クリーミーな泡になります。

無色～淡黄色の液体。写真は、水との混合原料

- 石ケンと違って、水に含まれるミネラル分（カルシウムイオンやマグネシウムイオン）と結合した不溶性成分（石けんカス）を作らないので、シャンプーによく使われます。

ラウレス硫酸Naとラウリル硫酸Naは、異なる成分です

・**ラウレス硫酸Na** ／刺激が少ない界面活性剤です。目や口など、刺激に弱い粘膜にふれる可能性が高いシャンプーや洗顔料、入浴剤などをつくるときに使われます。

・**ラウリル硫酸Na** ／赤みやかゆみなどの皮膚刺激性（GHS分類皮膚刺激区分2）が報告されているため、化粧品ではあまり使われません。使われる場合でも刺激などが問題とならない量であることがほとんどです。

ココイルグルタミン酸Na

SODIUM COCOYL GLUTAMATE

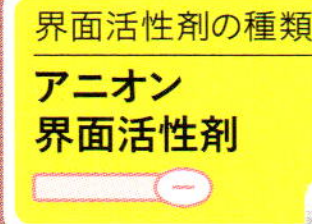

- ヤシ油の脂肪酸、アミノ酸から合成されます。
- アミノ酸系の界面活性剤は低刺激で、比較的高価です。
- 洗浄力は弱めですが、洗浄後もつっぱりにくく、しっとりした感触です。
- 高い**生分解**★性があります。

無色透明の液体。写真は、水との混合原料

- 低刺激性で柔軟効果もあるため、多くの製品に使われています。**リンスインシャンプーや子供用シャンプーなどにも使用されます。**
- 石ケンと違って、弱酸性でも界面活性剤の機能を維持できるので弱酸性の商品が作れます。

CiLA 読み解くコツ

ココイルグルタミン酸Naは化粧品と医薬部外品では表示名称が異なります

- ・**化粧品**／ココイルグルタミン酸Na
- ・**医薬部外品**／Nーヤシ油脂肪酸アシルーLーグルタミン酸ナトリウム

ココイルグルタミン酸Naは、アミノ酸の「グルタミン酸」を使ってつくられますが、使用するアミノ酸の種類によって使用感や泡の細かさなどが変わります。

表示名称も異なり、「アラニン」というアミノ酸を使うと「ココイルメチルアラニンNa」「ラウロイルメチルアラニンNa」、「グリシン」というアミノ酸を使うと「ココイルグリシンNa」「ラウロイルグリシンNa」、「アスパラギン酸」というアミノ酸を使うと「ラウロイルアスパラギン酸Na」になります。

石ケン素地／カリ石ケン素地／カリ含有石ケン素地

※ INCI名該当なし

界面活性剤の種類
アニオン界面活性剤

- 高い洗浄力を発揮します。

- 油脂、または高級脂肪酸などの油性成分と、水酸化Na（水酸化ナトリウム／苛性ソーダ）や水酸化K（水酸化カリウム／苛性カリ）といった、代表的な強アルカリ性の成分を反応させてつくります。

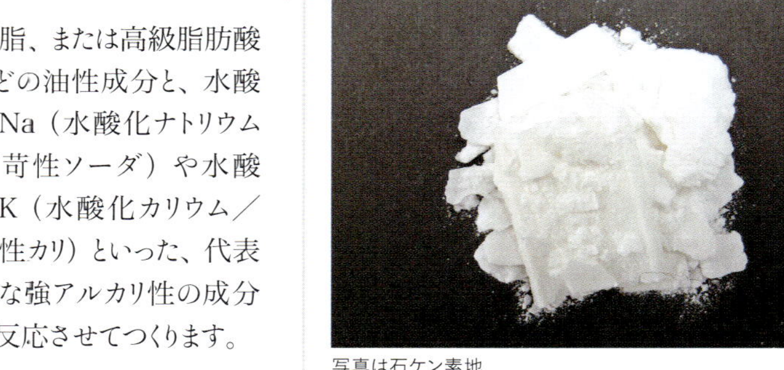

写真は石ケン素地

- 中性や酸性では油性成分の高級脂肪酸に変化してしまうので弱アルカリ性で商品を作ります。

CiLA 読み解くコツ

石ケンのつくり方は、読み解くコツとして非常に大切です

- **中和法**／高級脂肪酸を強アルカリ性の成分で中和すると、石ケンと水ができます

高級脂肪酸 ＋ ｛水酸化Na または 水酸化K｝ → 石ケン ＋ 水

- **ケン化法**／油脂を強アルカリ性の成分で加水分解（≒ケン化反応）すると、石ケンとグリセリンができます

油脂 ＋ ｛水酸化Na または 水酸化K｝ → 石ケン ＋ グリセリン

使用するアルカリの種類により、できあがる石ケン成分が異なります

・アルカリとして「水酸化Na」を使用／石ケン素地
・アルカリとして「水酸化K」を使用／カリ石ケン素地
・アルカリとして「水酸化Na」「水酸化K」両方使用／カリ含有石ケン素地

ステアルトリモニウムクロリド

STEARTRIMONIUM CHLORIDE

界面活性剤の種類
カチオン界面活性剤

- ヤシ油などに含まれる脂肪酸に、陽イオン「＋」をつけてつくられます。

- ヘアコンディショニング剤に配合されます。毛髪を柔軟にし、すべりをよくし、静電気を防ぎます。

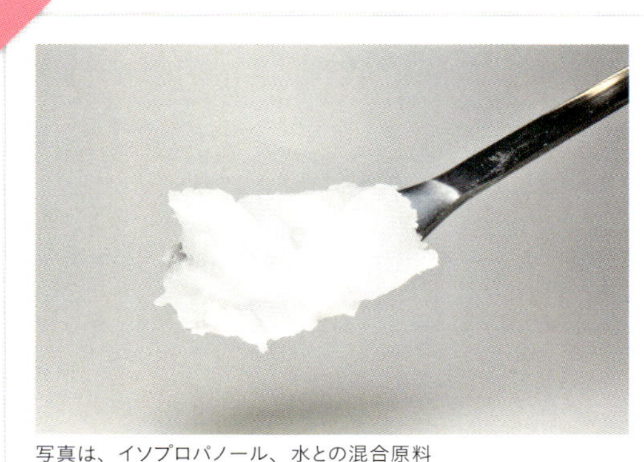

写真は、イソプロパノール、水との混合原料

- 毛髪の表面は「－」に帯電しているため、陽イオン「＋」が吸着しやすい状態です。軽く塗布してすすぐだけでも残るため、手でさわるとわかるほどです。

- カチオン界面活性剤には皮膚刺激性を持つものが多くありますが濃度や種類、成分の組み合わせなどの工夫がされており、実際にカチオン界面活性剤が配合されている化粧品を違和感なく使えているのであれば過剰に心配する必要はありません。

ヘアコンディショナーと柔軟剤

毛髪を柔軟にするカチオン界面活性剤は、繊維を柔軟にする衣類用の柔軟剤にも同じように使われていてます。ヘアコンディショナーと柔軟剤は、同じような成分でできています。

コカミドプロピルベタイン

COCAMIDOPROPYL BETAINE

界面活性剤の種類
両性
界面活性剤

● ヤシ油から酵素分解で得られた「ヤシ油脂肪酸」と、クコやサトウ大根に多く含まれる「ベタイン」を結合させてつくられます。

淡黄色の透明の液体。写真は、水との混合原料

● シャンプー、ボディソープなど液体洗浄料の粘度を調整して液だれしにくく手からこぼれないように使いやすさを向上させることができます。また、キメ細かい泡がつくれるので、感触も向上します。

● 高い**生分解**★性があります。

● 低刺激性で柔軟効果もあるため、多用されます。**リンスインシャンプーや子供用シャンプーなどにも使用されます。**

CiLA 読み解くコツ

コカミドとは?

「コカミド」とは、「ヤシ油脂肪酸アミド」(COCOAMID)の「ココアミド」が略されたもの。「ココ」(COCO)とは、ヤシ(COCONUT)のことなので、ヤシが原材料ということがわかります。

水添レシチン
HYDROGENATED LECITHIN

界面活性剤の種類
両性界面活性剤

- 大豆や卵黄などから抽出した「リン脂質」（レシチン）に、化学反応で**水素添加★**し、熱や酸化に対する安定性を高めたものです。

- **リポソーム★**を作ることができ、不安定な成分をリポソームに内包して安定性を高めるといった使い方もされます。

白色～淡黄色の粉体で、わずかに特異なにおいあり

- ベタつかずしっとり、柔らかくなるので、独特の心地よい使用感があります。

- レシチンは動植物の生体膜を構成する成分で、古くから食品にも利用されてきた、身近な成分です。
  卵黄や大豆に含まれる天然成分のレシチンは、そのままでは劣化し、色やにおいが強くなります。化粧品成分としては使用しにくいので、そこで生まれたのが水添レシチンです。

CiLA 読み解くコツ

「水添」とは？

水素添加★の略。油脂など酸化しやすく劣化しやすい成分は、水素添加して安定性を高めます。

PEG-60水添ヒマシ油

PEG-60 HYDROGENATED CASTOR OIL

界面活性剤の種類
非イオン界面活性剤

- トウゴマという植物の種子（ヒマシ）から抽出されるヒマシ油に水素添加し、酸化しにくく改良したものと、石油由来の酸化エチレンを原料としてつくられます。

白色半透明の固形ワックス状

- O/W乳化物を作るのに適しているため多くのスキンケア乳液やクリームの乳化剤として使われています。

- 界面活性剤の中でも低刺激で安全性が高い成分です。目薬にも使われており、目にしみません。

CILA 読み解くコツ

PEG-（数）の違い

「PEG-◯水添ヒマシ油」の◯の中に入る数字は、「40」「50」「60」が比較的よく使用されています。数が小さいほど油に、大きいほど水になじみやすくなります。

オレイン酸ポリグリセリル-10

POLYGLYCERYL-10 OLEATE

界面活性剤の種類
非イオン界面活性剤

- 高級脂肪酸である「オレイン酸」（オリーブ油の約80%を占める脂肪酸）と、グリセリンが結合した成分です。

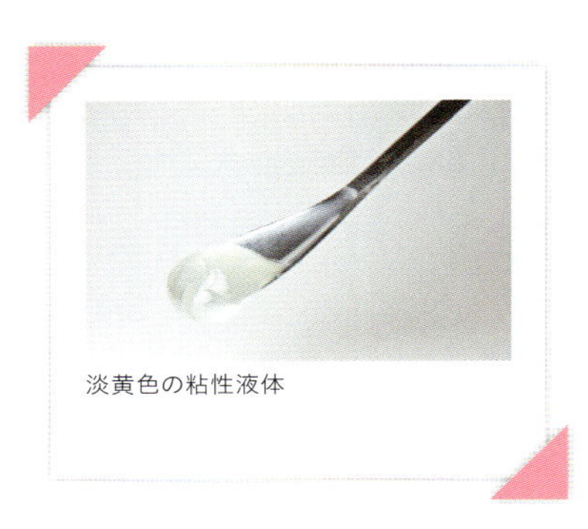

淡黄色の粘性液体

- 「オレイン酸ポリグリセリル-◯」の◯の中に入る数字は、「2」「10」が比較的よく使用されます。

Chapter 2

機能性成分

化粧品にさまざまな機能をつけ加え、化粧品の特徴となることの多い美容成分とも呼ばれる成分です。美白成分、抗炎症成分、エイジングケア成分などがあります。目にしたことがある成分が多いかもしれませんね。

美白

美白を考える上で大敵なのは、肌の色を濃くするメラニンです。メラニンは表皮の深いところ（基底層）にあるメラノサイトと呼ばれる細胞で作られます。

通常、メラニンは日光などの紫外線の刺激を抑えるためメラノサイトから放出され、その後ターンオーバーとともに角層まで押し上げられます。

角質まで到達したメラニンはアカになって剥がれ落ちていくので、一時的な日焼けならおよそ1カ月後には元の状態に戻ります。

ところが、長時間紫外線を浴びるなどしてメラニンの生成が過剰に高まったり、加齢やストレスなどでターンオーバーが乱れたりすると、部分的にメラニンが排出されずに皮膚内部に蓄積されます。これが「シミ」の正体です。

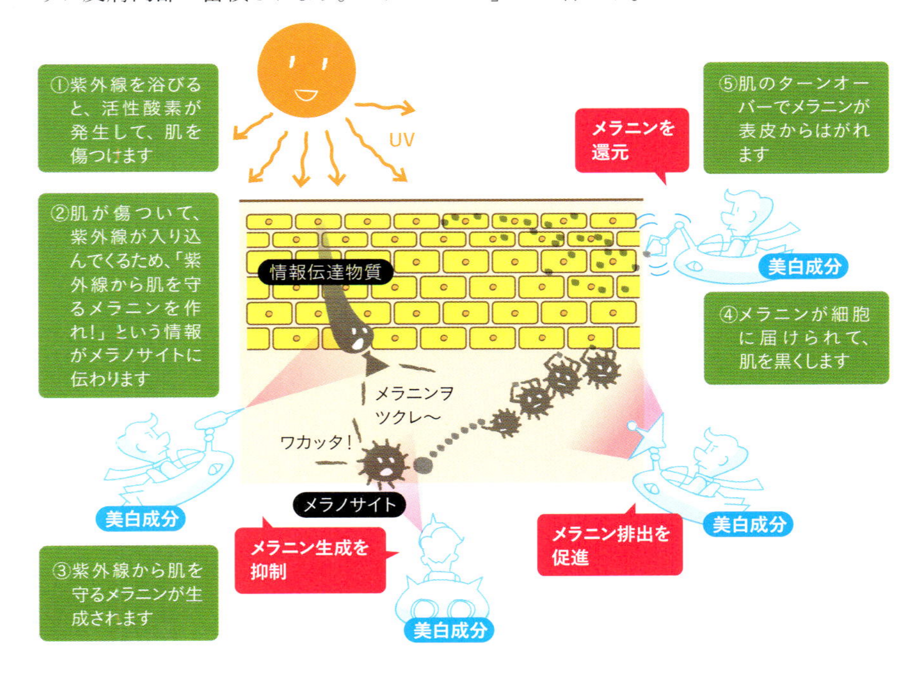

CiLA 読み解くコツ

代表的な美白成分の働き方

・**メラニン生成を抑制**／メラノサイトがメラニンを作るのを阻害する。
・**メラニン還元**／メラニンを還元反応によって色が薄い別の物質に変換する。
・**メラニン排出促進**／メラニンがターンオーバーにのって排出されるようにする。

●美白有効成分

美白有効成分とは、医薬部外品に配合する成分のうち、厚生労働省により「メラニンの生成を抑え、シミやソバカスを防ぐ」あるいはこれに類似した効能を表示することが認められた成分のことです。安全性と有効性の観点から、配合する量が決められています（医薬部外品の成分名で紹介します。68ページ読み解くコツ参照）。

・**リン酸L-アスコルビルマグネシウム**／ビタミンC誘導体のひとつ。メラニン還元（詳細は68ページ）。
・**L-アスコルビン酸 2-グルコシド**／ビタミンC誘導体のひとつ。ビタミンCとブドウ糖が結合した成分。持続型ビタミンCとも呼ばれます。メラニン還元。
・**アルブチン**／メラニン生成抑制（詳細は69ページ）。
・**プラセンタエキス**／メラニン排出促進（詳細は70ページ）。
・**カモミラET**／メラニン生成抑制（詳細は71ページ）。
・**コウジ酸**／麹菌由来で、麹を扱う酒蔵で働く人の手が白いことから研究が始まったとされる成分。メラニン生成抑制。
・**エラグ酸**／イチゴなどのベリー類に含まれるポリフェノール。メラニン生成抑制。
・**トラネキサム酸**／肌あれを抑制する働きも知られています。メラニン生成抑制。
・**4-n-ブチルレゾルシン**／モミの木に含まれる成分がもとになった美白有効成分で、ルシノールの愛称でも知られています。メラニン生成抑制。
・**デクスパンテノールW**／表皮細胞でのエネルギー産生を増やすことでメラニンの生成を抑制するとともに表皮細胞の生まれ変わりを促進してメラニンの排出を促進します。

美白化粧品を使用することにより、肌に透明感を与えたり、できてしまったシミを薄くすることが期待できます。しかし、紫外線防御作用を持つメラニンの生成を抑えることは、紫外線に弱い状態になるので、過度の使用は好ましくない、といった考えもあるようです。UV対策も忘れずにしましょう。

リン酸アスコルビルMg

MAGNESIUM ASCORBYL PHOSPHATE

美白成分としての働き方

メラニン生成を抑制
メラニン排泄を促進
メラニンを還元

白色の板状、針状の結晶性の粉体

- ビタミンC単体では壊れやすく、肌に浸透しにくいため、浸透しやすく、より長い時間皮膚内にとどまるよう開発されたのが、ビタミンC**誘導体★**です。
リン酸アスコルビルMgは、水溶性のビタミンC誘導体の一つです。肌に浸透しやすい「Mg」というミネラル部分があるため、皮膚細胞の奥により入りやすく、純粋なビタミンCと比べると約8倍の量が皮膚に取り込まれるといわれています。

- 一般にビタミンCそのものは、自分が酸化することによって相手の酸化を防止するため、まわりに酸素があると作用が半減します。しかし、リン酸アスコルビルMgのようにリン酸とMgが余分にあると、安定した構造になり、皮膚の角質層に長くとどまることができます。その効果は12時間以上持続します。

- メラニン還元による美白作用が有名ですが、そのほかにも皮脂の分泌抑制作用、抗酸化作用、コラーゲンの生成促進、メラニンの還元作用、メラニンの生成抑制、色素沈着抑制など、さまざまな働きがあります。

CiLA 読み解くコツ

リン酸アスコルビルMgは化粧品と医薬部外品で表示名が異なります

リン酸アスコルビルMgは、化粧品に配合される場合に表示される名前です。

医薬部外品に配合される場合は、「リン酸L-アスコルビルマグネシウム」と表示されます。

このように、化粧品にも医薬部外品にも使われる成分は、製品によって表示名を複数持っている場合があります。

74ページの「グリチルリチン酸2K」も、化粧品に配合される場合は「グリチルリチン酸2K」、医薬部外品に配合される場合は「グリチルリチン酸ジカリウム」と表示されます。

アルブチン

ARBUTIN

美白成分としての働き方

メラニン生成を抑制

- コケモモなどの植物に含まれます。糖と「ハイドロキノン」から合成もされる、ハイドロキノンの糖**誘導体**★です。

無色の針状結晶

- ハイドロキノン同様、メラニン生成に関わるチロシナーゼに直接作用し、シミの原因となるメラニンの生成を阻害します。この働きにより、シミをつくらないようにしてくれるのです。
  ただ、シミを除去するというまでの強力な力はありません。ハイドロキノンに比べると、アルブチンは抑制に向いた美白成分といえます。

- 「α-アルブチン」「β-アルブチン」ともにハイドロキノンの誘導体ですが、結合様式によってαとβに分かれます。

・**α-アルブチン**／ハイドロキノンに、ブドウ糖を結合したものです。
近年になり、α-アルブチンにはβ-アルブチンの10倍のメラニンの生成抑制効果があることがわかり、注目を集めています。肌への刺激もほとんどなく、安定した成分だということもわかっています。

・**β-アルブチン**／ウワウルシ、コケモモ、ナシなど、ツツジ科のハーブに含まれています。一般的にアルブチンというと、β-アルブチンを指します。美白有効成分として承認されているアルブチンもβ-アルブチンです。

ハイドロキノンとは?

ハイドロキノンは医療機関で使用される漂白成分で、継続使用による白斑も報告されています。アルブチンはハイドロキノンを誘導体化したものなので、ハイドロキノンとは異なり、刺激もほとんどない美白成分です。

プラセンタエキス

PLACENTAL PROTEIN

美白成分としての働き方
メラニン生成を抑制
メラニン排泄を促進

- 豚、羊、馬の胎盤から精製水で抽出します。プラセンタとは、英語で「胎盤」のことです。

- 保湿効果や皮膚の血行促進効果、新陳代謝作用を持ち、頭髪脱毛などのトラブルを防ぎます。また、代謝を高めることでメラニンの排出を促進し、日焼けによるシミやそばかすを改善、色素沈着を防ぐ効果があります。

淡黄色～黄褐色の液体で、特有のにおいあり。写真は、水、BGとの混合原料

- 成分には、「チアミン」「リボフラビン」「ピリドキシン」「パントテン酸」などの多種ビタミン類、「アルギニン」「シスチン」「グルタミン酸」「セリン」などのアミノ酸類、「カルシウム」「ナトリウム」「カリウム」などのミネラル類、「コレステロール」「酵素」「デオキシリボ核酸」などが含まれています。

CiLA 読み解くコツ

プラセンタの由来

以前は牛由来のプラセンタが主流でしたが、狂牛病問題により、2001年以降使用不可となりました。代わりに主流になったのが、豚由来のものです。なお、医療行為としての「プラセンタ注射」については、人の胎盤に限定されています。

植物や魚には胎盤が存在しませんが、植物であれば胚芽（芽が出る部分）、魚であれば卵巣膜から、動物性プラセンタによく似た成分を抽出することができ、「植物性プラセンタ」「海洋性プラセンタ」などと呼ばれます。

カモミラET

CHAMOMILLA ET

美白成分としての働き方

メラニン生成を抑制

● キク科の植物カミツレ（カモミール）の花から取れるエキスです。花には精油の「カマズレン」「アズレン」「ピザボロール」「フラボノイド」などの成分が含まれています。

エキスは赤褐色の透明の液体。写真は、原材料のカミツレの花

● 紫外線によるメラニン合成過程の初期段階で作用（ケラチノサイトとメラノサイト間の情報伝達を阻害）し、メラニンの過剰な生成を抑え、シミ・ソバカスを防ぎます。

● カモミラETは医薬部外品有効成分の成分名です。化粧品の表示名称では「カミツレ花エキス」がもっとも近いですが、同一ではありません。

● 保湿性、抗炎性、養毛、収れん、殺菌、血行促進、充血除去、かゆみ止めなどの効果が化粧品成分に使用されています。

● 強力な消炎効果を持ち、乾燥による肌あれ防止や、ニキビなどの皮膚炎から肌を守る化粧品に配合されます。

抗炎症

外界からの影響（乾燥、寒冷、紫外線、化学的・物理的刺激）、内部環境（疾病、精神状態）の影響を受けて発生するはれや炎症（日焼け後やニキビによる炎症、カミソリ負けによる炎症など）を抑え、肌あれやかゆみを予防、抑制する成分です。

グリチルリチン酸2Kのように、医薬部外品の有効成分として、または医薬品で抗炎症剤として用いられる成分もあります。
※各成分ページ上部に、「医薬品成分」と記しています

治療を目的とした医薬品と違い、化粧品は肌を健やかな状態に導くことが目的です。そのため、医薬品にも用いられる成分に関しては、化粧品への配合上限が決まっています。

カンゾウ根エキス
GLYCYRRHIZA GLABRA (LICORICE) ROOT EXTRACT

医薬品成分

- 甘草の根茎に3～4%含まれる甘味成分「トリテルペノイド配糖体」を抽出、精製したもので、水によく溶けます。

- 強い抗アレルギー作用を有する点に着目し、近年、アトピー性皮膚炎の人も使用できる化粧品に多く配合されるようになりました。

写真は、水、BGとの混合原料

- 主成分は「グリチルリチン酸」です。その他数種の「フラボノイド」などを含み、これらの成分が総合的に、優れた消炎効果や美白効果、保湿効果を発揮することが確認されています。

古くから使われてきた甘草

甘草は4000年前、メソポタミア（現在のイラク付近）の渓谷で発見され、強壮剤、美容薬として用いられたのがその起源といわれています。

甘草の主成分である「グリチルリチン酸」はその名のとおり砂糖の約250倍の甘味があり、中国最古の薬物書『神農本草経』には、その食効に関する記述がみられます。現在では広く医薬品、調味料などに使用されています。

グリチルリチン酸2K

DIPOTASSIUM GLYCYRRHIZATE

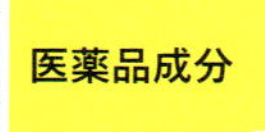

- カンゾウ根エキス（73ページ参照）の主成分グリチルリチン酸の**誘導体★**で、水溶性です。同じグリチルリチン酸の誘導体で、油溶性のものが、グリチルレチン酸ステアリルです。

- 水溶性なので、化粧水など水性成分の多い化粧品によく配合されます。

白色～淡黄色の結晶性の粉体

- 医薬部外品の有効成分で、強力な消炎作用があります。

グリチルリチン酸2Kとステロイドホルモンは同じ？

グリチルリチン酸2Kと医薬品であるステロイドホルモンは、構造骨格が似ているため、同じようにとらえられることがあります。しかし、化粧品に配合されるグリチルリチン酸2Kには、ステロイドのような免疫抑制作用はありません。

グリチルレチン酸ステアリル

STEARYL GLYCYRRHETINATE

- カンゾウ根エキスの主成分グリチルリチン酸の誘導体で、油溶性です。

- 油溶性なので、クリームやオイル系の化粧品によく配合されます。

- グリチルレチン酸ステアリルは、グリチルリチン酸2Kよりも強い効果を持ち、炎症やアレルギーを抑える効果が期待できます。

アラントイン
ALLANTOIN

医薬品成分

無味無臭の白色粉体

- 牛の羊膜の分泌液から発見された成分で、尿素からの合成、コンフリーの葉、タバコの種子、小麦の芽等、かたつむりの粘液など、生物界に多く存在します。
- 水によく溶けます。
- 細胞増殖が期待できる成分で、ニキビの赤みを抑えるなどの消炎効果があります。
- 乳液やクリーム、パックなど、多くの製品に使われます。

ヨクイニンエキス
COIX LACRYMA-JOBI MA-YUEN SEED EXTRACT

エキスは淡灰色～褐色の液体で、わずかに特異なにおいあり。写真は、原材料のハトムギの種子

- 原料のハトムギは古くから、民間のイボ治療薬として使われてきました。保湿と消炎の力が高い成分です。
- ハトムギは、イネ科ジュズダマの栽培種です。植物成分には複数の表示名称を持つものがあり、イネ科植物ハトムギ（ヨクイニン）の種子から種皮を取り除いたエキスと定義されているのが「ヨクイニンエキス」、ハトムギの種子から得られたエキスと定義されているのが「ハトムギエキス」です。

CiLA 読み解くコツ

植物成分には、複数の表示名称を持つものもあります

同じハトムギの種子から得られるエキスですが、二つの表示名称を持ちます。

・**生薬由来名**／ヨクイニンエキス　・**植物由来名**／ハトムギエキス

抗シワ

乾燥によるシワの予防や改善をする成分です。

一概にシワといってもその形態には大きな違いがあります。角質層の乾燥によって起こる細くて浅い溝のような乾燥性のシワ、目尻にできる通称"からすの足跡"のような小ジワ、額や頬などに見られる長くて深い明瞭なシワ、に大別できます。

小さいシワは角質層、表皮の関与が大きく、大きいシワになるにつれて真皮の関与が大きくなります。そのため、使われる抗シワ成分は、対象とするシワの種類によって異なります。

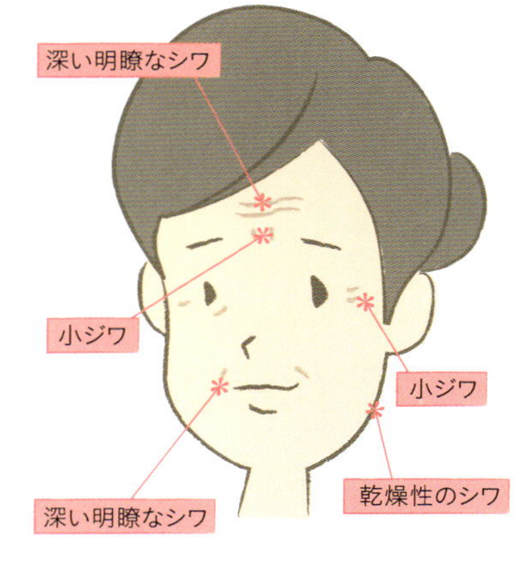

●乾燥性のシワ

主に角質層の乾燥に起因するシワで、保湿による改善が期待できます。コラーゲンやヒアルロン酸などが有効です。

●目尻などの小ジワ

組織学的には、表皮から真皮乳頭層（真皮上層のごくわずかな部分のこと）あたりまでが変形して、シワを形成しています。角質層や表皮への作用により、シワを軽減すると期待できるのは、「ビタミンA**誘導体★**」です。ヒアルロン酸合成を促進して、表皮のターンオーバー（92ページ参照）に影響します。

●額や頬などの長くて深い明瞭なシワ

これらは永久的なものと考えられています。原因は、自然老化による細胞機能や組織の変化、そして日光にさらされてダメージを受ける「光老化」があります。

真皮のコラーゲン線維やエラスチン線維などの量的・質的変化を防御することが、シワ形成の予防や改善につながると考えられており、「レチノール」はシワの改善効果が期待されています。

三フッ化イソプロピルオキソプロピルアミノカルボニルピロリジンカルボニルメチルプロピルアミノカルボニルベンゾイルアミノ酢酸Na

- 2016年に開発された医薬部外品の有効成分で「ニールワン」の愛称で知られています。厚生労働省より「シワを改善する」効能効果の承認を受けた医薬部外品の有効成分です。

- エラスチンやコラーゲンな真皮成分を分解する好中球エラスターゼの働きを抑制することで、シワを改善する働きがあります。

レチノール

- 2017年に厚生労働省より「シワを改善する」効能効果の承認を受けた医薬部外品の有効成分です。

- 皮膚のターンオーバーを促進し、また表皮のヒアルロン酸の産生を促進することで皮膚水分量の増加をもたらし、シワを改善する働きがあります。

- レチノールは不安定で配合しにくいと言われていましたが、成分そのものの安定的な配合に成功。従来のレチノールと区別するために「純粋レチノール」の愛称で知られています。

ナイアシンアミド

● 2017年に厚生労働省より「シワを改善する」効能効果の承認を受けた医薬部外品の有効成分です。「リンクルナイアシン」の愛称で知られています。

● 角層の形成を促進することで、バリア機能が改善される働きと、真皮コラーゲンの産出を促進します。

白色の粉体

●「ニコチン酸アミド」の成分名で肌荒れ改善、美白の有効成分としても知られています。

パルミチン酸レチノール

RETINYL PALMITATE

効果が期待できるシワの種類

目尻などの小ジワ
長くて深い明瞭なシワ

● 水に溶けず、アルコールや油剤に溶ける性質があります。

● 真皮組織のコラーゲンやエラスチンなどの生成を促進するといわれています。

● 紫外線によるシワやくすみ、乾燥による小ジワなど、加齢による肌トラブル防止製品に配合されます。

淡黄色のほとんど透明な液体

● ビタミンA油と呼ばれることもある成分です。

アセチルヘキサペプチド-8
ACETYL HEXAPEPTIDE-8

効果が期待できるシワの種類
表情ジワ
長くて深い明瞭なシワ

● 植物由来のアミノ酸が結合してできた**ペプチド★**成分です。

● 「アセチルヘキサペプチド-3」から「アセチルヘキサペプチド-8」に改正されました。

● 筋肉の動きに関わる神経伝達物質を抑制し、シワの予防・改善効果があるボツリヌス毒素（菌）治療「ボトックス注射」が禁止だったスペインで開発されました。
美容外科で人気のボトックス注射ほど即効性はありません。しかし、使い続けることによって表情ジワの原因となる物質の分泌を抑え、神経細胞の活動をやわらげます。そして筋肉の収縮を減少させ、表情筋の緊張を緩和する作用が確認されています。
シワの予防や改善への有用性が期待されることから、「塗るボトックス」と呼ばれています。

無色透明の液体。写真は、水との混合原料

パルミトイルペンタペプチド-4
PALMITOYL PENTAPEPTIDE-4

● **線維芽細胞★**に働きかけてコラーゲンの生成を促進、シワを改善して皮膚にうるおいを与えるとされています。

● 筋肉弛緩効果により、深いシワを改善する同じペプチド成分「アセチルヘキサペプチド-8」よりも、穏やかに作用します。

● 私たちの体をつくるアミノ酸で構成されているので、アレルギーや副作用の恐れが非常に少なく、安全です。

無色透明の液体。写真は、水、グリセリンなどの混合原料

抗酸化／エイジングケア

酸素にはさまざまなものと反応して、それを別のものに変える働きがあります。この現象を「酸化」といいます。

酸素の中でも「活性酸素」と呼ばれる種類の酸素は特に反応性が高く、さまざまなものと反応して別のものに変えてしまいます。

肌の角質層の真皮にあるコラーゲンやエラスチンなどの線維も体内外で発生する活性酸素によって別のものに変えられてしまい、その性質を失ってしまいます。酸化によって肌はうるおいや弾力を失い、シワやたるみといったいわゆる老化につながっていきます。

●酸化を防ぐ「酸化防止剤」

酸化を防ぐ成分は「酸化防止剤」と呼ばれます。例えば、お茶飲料では茶の美味しい成分が酸化によって風味を損なうのを防ぐために酸化防止剤が入っています。お茶の場合は必ずと言っていいほど「ビタミンC」が酸化防止剤として添加されています。

化粧品でも酸化しやすい油を多用した製品では、酸化防止剤として「トコフェロール（ビタミンE)」がよく使われています。

フラーレン
FULLERRENES

- 60個の炭素のみでできたサッカーボールのような球状の構造です。

- フラーレンは従来、水に溶けにくい性質で使用が難しかったのですが、高度精製した「生体適応型水溶性フラーレン」の開発により、化粧品成分としての応用が可能になりました。

写真は、ラジカルスポンジ®で、こげ茶色の粘性のある液体

- 細胞死を防御して、シワの予防・改善、老化防止に働きます。活性炭のような吸着作用があり、活性酸素など紫外線により発生する老化の原因となるダメージ物質を取り込んで消去することで、効率よく無害化します。その抗酸化力は、ビタミンCの100倍以上ともいわれています。

Radical Sponge®

このマークは、ビタミンC60バイオリサーチ（株）の登録商標で、フラーレンを規定値（濃度）以上配合した製品のみ使用することができます。

ユビキノン
UBIQUINONE

効果が期待できるシワの種類
乾燥による小ジワ

ネガティブリスト医薬品成分

- 細胞の老化を防ぐ抗加齢作用を持ちます。紫外線により発生する活性酸素の抑制効果、いわゆる抗酸化作用は、非常に高い評価を得ています。

水溶性で、黄～オレンジ色の粉体。写真は、水添レシチン、ダイズステロールとの混合原料

- ヒトの体内に存在する成分で、エネルギー生成と生命維持に不可欠な酵素です。

- 紫外線によるシワやくすみ、乾燥による小ジワなど、加齢による肌トラブル防止製品に配合されます。

- サプリメントなどでは「CoQ10」「コエンザイムQ10」などと呼ばれる成分です。

白金
PLATINUMPOWDER

- 食品添加物として厚生労働省に認められています。

- 活性酸素は11種類あるといわれていますが、白金は、そのすべてを除去することができる強力な抗酸化物質です。同じように抗酸化力を持つユビキノンは、11 種類のうち特定の活性酸素しか除去できません。

黒色の液体。写真は、水に分散させた混合原料

- 抗酸化物質は一度働くと抗酸化作用がなくなるものが多いですが、白金は半永久的に抗酸化作用を発揮し続けます。

肌質改善

肌のバリア機能の修復を助け、本来持っている保湿力を高めるなど、肌の状態を改善する成分です。

代表的なのはセラミドで、効果を高めるために複数の種類を組み合わせて配合されることがほとんどです。

CiLA 読み解くコツ

細胞間脂質と肌のバリア機能

「細胞間脂質」とは角質細胞の間に存在する脂質のことで、細胞同士の接着剤のような役割をしていています。セラミドや脂肪酸、コレステロールが主成分です。

この細胞間脂質が細胞同士をくっつけることで、外部からの刺激物の侵入を防いだり、角質層からの水分蒸発を抑えたりします。

体内の水分蒸散や成分流出防止、異物の混入防止のための角質層のバリア機能の主役です。

角質層の保湿成分

角質細胞
角質間
細胞間脂質
皮脂膜
角質層

※NMFは32ページ参照

バリア機能が低下した状態

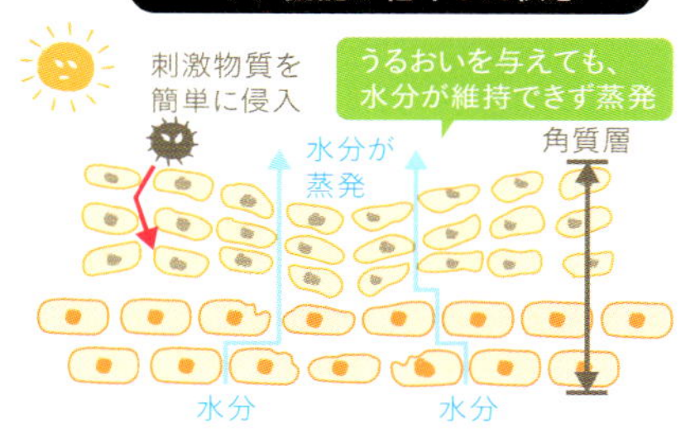

バリア機能が健常な角質層

セラミド
CERAMIDE

● セラミドは「スフィンゴ脂質」とも呼ばれる細胞間脂質（83ページ参照）の一つで、その約半分を占めています。脂質と名がついていますが、水にも油にも溶けにくい性質を持っています。

白色の粉体。水溶液は無色透明

● 角質層内で肌を外部刺激から守る、バリア機能の働きをする重要な成分です。セラミドが減少すると皮膚のバリア機能が低下し、肌の乾燥や肌荒れをまねきます。角質層のセラミドを補うことでバリア機能改善、肌荒れ改善が期待され、多くの研究が行われています。

● 分子構造の違いによっていくつかの種類に分かれています。
セラミドは大きく「脂肪酸」と「スフィンゴイド塩基」と呼ばれる2つの部品で構成されていて、それぞれの部品の頭文字を組み合わせた表示名称がつけられています。

セラミドの分子構造と部品の名前

脂肪酸	スフィンゴイド塩基
セラミドを構成する脂肪酸の種類	セラミドを構成スフィンゴイド塩基の種類
エステル型ω-ヒドロキシ脂肪酸［EO］	［DS］**ジヒドロスフィンゴシン**
α-ヒドロキシ脂肪酸［A］	［S］**スフィンゴシン**
非ヒドロキシ脂肪酸［N］	［H］**6-ヒドロキシスフィンゴシン**
	［P］**フィトスフィンゴシン**

たとえば「エステル型ω-ヒドロキシ脂肪酸」と「フィトスフィンゴシン」が結合した構造のセラミドは「セラミドEOP」。「非ヒドロシキ脂肪酸」と「スフィンゴシン」が結合した構造のセラミドは「セラミドNS」などです。

● 以前は、セラミドの電気的性質によって分類した表示名称が使われていました（セラミド1、セラミド2など数字を付けた表示名称）。

スフィンゴ糖脂質
SPHINGOLIPIDS

- 洗浄アイテムに配合しても、洗い流した後にしっとり感が実感できるほど、高い保湿力があります。

- 肌あれ防止効果もあるので、唇など皮膚が薄い部分にも使用できます。

白色の粉体

ヒアルロン酸やコラーゲンなどの水性成分（保湿剤・保水剤）とセラミドとの違い

ヒアルロン酸やコラーゲンなどの水性成分（保湿剤・保水剤）は、肌に与えられた水分が蒸発しないよう、水分を引き寄せておくことで保水します。

一方セラミドは、角質層内でバリア機能を整え、健康な肌質に改善することで、肌本来の水分保持力を高めます。

どちらも、結果的には肌の保湿につながることから、同じような成分としてイメージされがちですが、その働き方は全く異なります。

紫外線防止

太陽光に含まれる紫外線が肌にもたらすさまざまなダメージを防ぐための、紫外線を遮る効果が大きい成分です。「紫外線吸収剤」と「紫外線散乱剤」があります。

●紫外線吸収剤

紫外線を吸収し、熱など別の弱いエネルギーに変えて放出する性質を持った成分です。

紫外線を吸収すると聞くと、特殊な成分で、肌に悪そうなイメージがあります。しかし、光を吸収する性質を持った成分というのは、実は珍しいものではありません。私たちは日常でも、光を吸収するあらゆる成分に囲まれて暮らしているのです。

赤いリンゴを用いて、説明しましょう。

太陽や蛍光灯の光は、本当はさまざまな色の光が混ざっていますが、全体的には白色に見えます。リンゴの皮には、緑や青、紫など、赤以外の色の光を吸収する成分が含まれており、リンゴに太陽や蛍光灯の光が当たると、吸収されなかった赤色の光だけが反射して、赤く見えるのです。

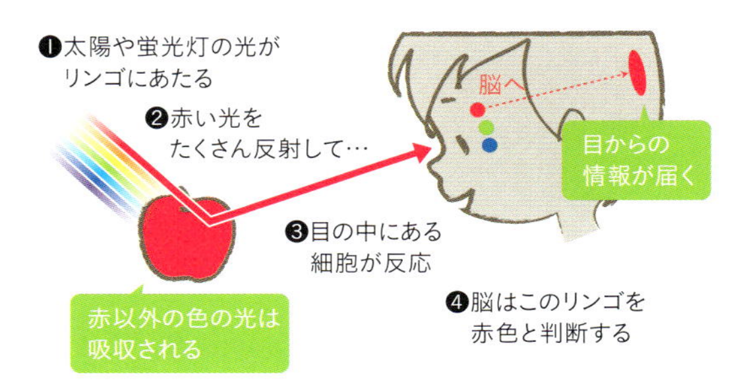

黄色い服の場合は、赤や青や紫など、黄色以外の色の光を吸収する成分で染められているため、吸収されなかった黄色の光だけが反射して、黄色に見えるわけです。

このように私たちの身のまわりには、赤色の光や黄色の光、青色の光、紫色の光など、特定の光を吸収する成分が無数に存在しており、そうした成分のおかげでさまざまな色が見えている、ということです。

ですから、紫色に非常に近い色をした紫外線を吸収する成分があっても、不思議ではありません。

●紫外線散乱剤

紫外線が肌に浸透しないよう、物理的に遮る壁になる成分を、紫外線散乱剤といいます。肌の上に、紫外線を反射・散乱させるベールをまとうようなイメージです。

代表的な紫外線散乱剤としては、酸化チタンや酸化亜鉛があります。しかし、いずれも白色の粉体で皮脂を吸着しやすく、肌がカサついたり、白浮きしやすいといった点があります。そのため、これらを配合する化粧品には白浮きを軽減するために、酸化チタンや酸化亜鉛を微粒子化するなど、さまざまな工夫がなされています。

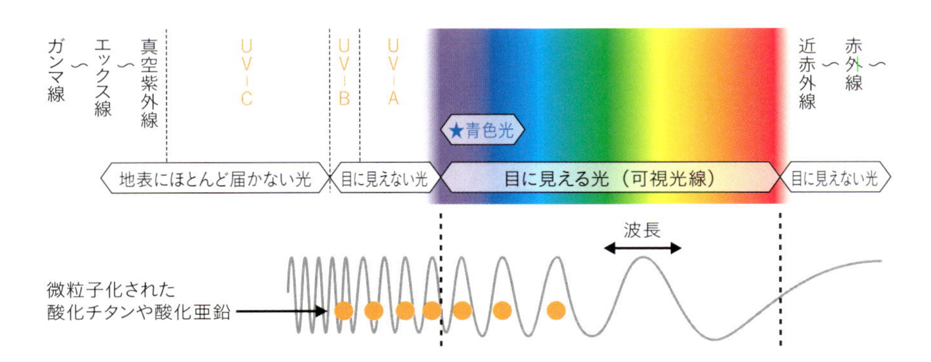

酸化チタンや酸化亜鉛は、目に見える光の波長よりサイズを小さくして、肌に光があたった際に反射される光の量を減らし、白っぽく見えにくくします。

目に見える光の波長よりサイズが小さくなっても、紫外線の波長は短いため、紫外線とぶつかって反射・散乱することができます。

オキシベンゾン

BENZOPHENONE

紫外線防止成分の種類

紫外線吸収剤

ポジティブリスト

- 石油由来です。
- アルコールやオイルには溶けますが、水にはほとんど溶けません。
- 単独では紫外線吸収効果はそれほど高くないため、ほかの紫外線防止成分と一緒に使われることが多くあります。
- オキシベンゾン-3のみ旧表示指定成分です。

写真はオキシベゾン -3。白色の粉体

末尾の数字により、UV-B ～ UV-Aまでそれぞれの吸収域を持ちます

- **オキシベンゾン-1** ／ UV-B波をカット（ジヒドロキシベンゾフェノン）
- **オキシベンゾン-2** ／ UV-A波・UVB波ともにカット（テトラヒドロキシベンゾフェノン）
- **オキシベンゾン-3** ／ UV-B波をカット（オキシベンゾン）
- **オキシベンゾン-4** ／ UV-B波をカット（ヒドロキシメトキシベンゾフェノンスルホン酸）
- **オキシベンゾン-5** ／ UV-B波をカット（ヒドロキシメトキシベンゾフェノンスルホン酸ナトリウム）
- **オキシベンゾン-6** ／ UV-A波・UVB波ともにカット（ジヒドロキシジメトキシベンゾフェノン）
- **オキシベンゾン-9** ／ UV-A波をカット（ジヒドロキシジメトキシベンゾフェノンジスルホン酸ナトリウム）

メトキシケイヒ酸エチルヘキシル
ETHYLHEXYL METHOXYCINNAMATE

紫外線防止成分の種類
紫外線吸収剤

ポジティブリスト

- シナモンの仲間の肉桂（ニッケイ）という植物から得られる「桂皮油」には、紫色を吸収する性質を持った成分「ケイヒ酸」が含まれています。メトキシケイヒ酸エチルヘキシルはこのケイヒ酸をもとにしてつくられます。天然には微量にしか存在しないので、化粧品用の紫外線吸収剤としては、合成のケイヒ酸が広く使用されます。

- UV-B波の吸収効果に優れています。

淡黄色の粘性液体で、わずかに特異なにおいあり

t-ブチルメトキシジベンゾイルメタン
BUTYL METHOXYDIBENZOYLMETHANE

紫外線防止成分の種類
紫外線吸収剤

ポジティブリスト

- 石油由来です。

- UV-A波の吸収効果に優れています。

淡黄色～黄色の粉体で、特異なにおいあり

酸化チタン

TITANIUM DIOXIDE

紫外線防止成分の種類

紫外線散乱剤

- 「イルメナイト」という鉄鉱を細かく砕いてつくられます。
- 同じ紫外線散乱剤の酸化亜鉛とあわせて使われることが多くあります。
- 光の反射性が高く、白色顔料として、ファンデーションなどのメークアップ用品にも使われます。

白色の結晶性粉体

CiLA 読み解くコツ

ミネラルファンデーションなどで目にする「表面コーティング処理」とは?

酸化チタンは、太陽や蛍光灯などの光を受けると表面で強力な酸化力を発揮し、有害な化学物質などあらゆる有機物、及び細菌や雑菌を分解します。

しかし、肌の上でそれほど強力な酸化力を発揮されては困るので、酸化チタンは、表面をコーティングしてから、化粧品に配合されます。

全成分表示に、酸化チタンと一緒に下記の成分が出てきたら、それらの成分で表面をコーティング処理していると読み解けます。

- **水酸化Al**
- **ステアリン酸**
- **シリカ**
- **含水シリカ**
- **ハイドロゲンジメチコン（シリコーン）**
- **メチコン**

Column

微粒子化されたナノサイズの成分は危険？

酸化チタン、酸化亜鉛のような粉体材料をナノサイズ（日本化粧品工業連合会では100ナノメートル以下と定義）まで小さく粉砕する技術は、近年になって実用化されたものです。

小さくなったことで、舞い散った粉体が肺にまで入ってしまうのではないか、それが悪影響を及ぼすのではないかといった、これまでなかったことが懸念されています。

現在までの研究では、微粒子酸化チタンや微粒子酸化亜鉛が肌から真皮へ吸収される現象は確認されていません（数十ナノメートルでは、皮膚から浸透するにはあまりにも大きすぎます）。

ナノサイズの粉体を多量に扱う粉体製造工場で働いている労働者の健康管理が、中心的な課題とされています。

一方で、油分子や保湿剤や水分子などはもともとナノサイズで、ナノサイズよりも小さいのが当たり前なので、そのサイズによる安全性が議論されることはありません。

ナノサイズかどうかが安全か否かのポイントではなく、ナノサイズであることが特別な成分なのかどうかが、安全性を議論するポイントになっていることを理解しましょう。

ピーリング

ターンオーバーが正常ではない場合、本来はがれ落ちるはずの不要な角質が皮膚に蓄積します。すると肌がかたく厚くなり、スキンケア成分の浸透を邪魔します。そして乾燥やくすみを引き起こします。

ピーリング成分は、肌にたまった本来はがれ落ちるはずの不要な角質を溶かして、薄くする成分です。肌本来の健康な厚さになると、肌が柔らかくなります。

美容医療機関ではケミカルピーリングという技術で、高濃度のピーリング成分が使われています。化粧品では低濃度、かつ穏やかな処方設計で、医療機関で使用されるよりも緩和な作用のピーリング成分が使用されます。

ゴワつき、ザラつきなど、肌がいつもよりかたく感じられたら、お手入れにピーリング成分を取り入れてみてはいかがでしょう。

ターンオーバーとは

年齢や部位によっても異なりますが、若くて健康な皮膚は、約28日間で生まれ変わります。

その生まれ変わりのことを、ターンオーバーと呼びます。このターンオーバーのおかげで、たとえ傷ができてもかさぶたとなり、いずれはがれ落ちます。

ところがこの働きは加齢とともに乱れ、時間がかかるようになります。年とともに、傷の治りに時間がかかるようになるはそのためです。

また、ターンオーバーが遅くなると、角質肥厚となり、くすんだり乾燥したりします。

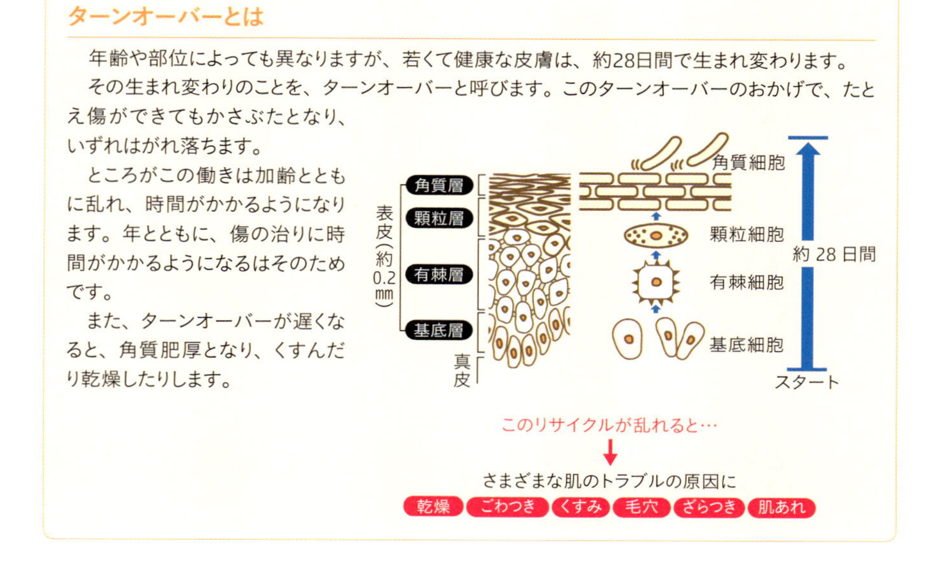

グリコール酸
GLYCOLIC ACID

- 水に溶けやすい成分です。
- 配合量により肌への作用が大きく異なり、肌が敏感な方は刺激を感じることもあります。ケミカルピーリング剤として、医療機関でも使われます。

白色の結晶または結晶性の粉体

ケミカルピーリング

医療機関で実施するグリコール酸、サリチル酸、乳酸等を用いたケミカルピーリングは、シミやくすみ以外に、肝斑（かんぱん）にも効果があるといわれています。
日本人の肌には、グリコール酸がもっともマイルドに使用できるといわれています。

サリチル酸
SALICYLIC ACID

ポジティブリスト

- 植物からの抽出や化学合成で得られます。
- 水に溶けにくく、熱湯やアルコールには溶けます。
- 医薬品では、イボやウオノメ除去の目的で配合されます。
- ニキビ予防の化粧品にも配合されます。

白色の針状結晶、または結晶性の粉体

乳酸
LACTIC ACID

- デンプンからの発酵や化学合成で得られます。

- 配合量により肌への作用が大きく異なり、肌が敏感な方は刺激を感じることもあります。ケミカルピーリング剤として、医療機関でも使われます。

無色透明の液体。写真は、水との混合原料

乳酸と乳酸Naの違い

乳酸Na（32ページ参照）は、酸性の乳酸をアルカリ性の水酸化Naで中和してつくられます。そのため、中性に近い性質を持ち、ピーリング効果はありません。

血行促進

「血管拡張型」と「局所刺激型」の2種類があり、血行を促進して皮膚の温度を高める成分です。

細胞に栄養を供給し、老廃物を取り除く役割を持つ血液。その流れが停滞することは、くま、くすみ、脱毛症など、あらゆるトラブルの要因になるといわれているため、化粧品にはさまざまな血行促進成分が用いられています。

ただし、配合上限のある成分が少なくありません。

・**血管拡張型**／皮膚に吸収された後、血管を拡張し、皮膚の温度を上げる成分。
トコフェロール（ビタミンE）、センブリエキス、オタネニンジン根エキスなど。
スキンケアには、刺激のないこのタイプが主に使われます。

・**局所刺激型**／刺激することで二次的に血管を拡張し、皮膚の温度を上げる成分。
トウガラシ果実エキス（トウガラシエキス）、ショウガ根エキス（ショウキョウエキス）など。
温感・冷感成分のメントール、ハッカ葉油、カンフルなどもこのタイプに含まれ、育毛やマッサージ用の化粧品によく使用されます（128ページ参照）。

センブリエキス

SWERTIA JAPONICA EXTRACT

血行促進成分としての働き方

血管拡張型

- 九州から北海道までに自生する、リンドウ科センブリ属の薬草センブリから抽出したエキスです。センブリという名前は、千回振り出しても（煎じても）まだ苦い、というのが由来です。

エキスは茶色で、鼻を突くような独特のにおいあり。写真は、原材料のセンブリ。

- もともとは胃腸虚弱、下痢、腹痛、脱毛の症状に対して効果のある漢方薬に使われていました。

- 昨今は、センブリエキスの血行促進作用が注目されています。頭皮への応用について研究が進み、育毛剤や育毛シャンプーなどにセンブリエキスを使用した製品が増えています。

- センブリエキスには、フラボノイドというポリフェノールが豊富に含まれています。
フラボノイドは、大豆に含まれる「イソフラボン」や果実に含まれる「アントシアニン」、お茶に含まれる「カテキン」といった種類があり、強い抗酸化作用があります。また、血行促進や心臓の血流量を増加、老化を防ぐ働きもあります。
ほかには、抗酸化作用を持つ「キサントン」、血行促進作用を持つ「スエルチアマリン」などの成分が含まれています。

ショウガ根エキス

ZINGIBER OFFICINALE (GINGER) ROOT EXTRACT

血行促進成分としての働き方
局所刺激型

ネガティブリスト

- ショウガ科植物ショウガ（生姜）の根茎から抽出したエキスです。
- 血行促進効果があり、育毛剤やくすみ防止の化粧品に配合されています。
- 皮膚細胞の活性化により、エイジングに負けない肌をつくる目的にも適しています。

エキスは黄色から褐色をした透明な液体で、独特のにおいあり。写真は、原材料のショウガ

CiLA 読み解くコツ

チンキとは？

ショウガ根エキスは、エタノールに浸して抽出されたエタノール溶液（＝チンキ）の場合、「ショウキョウチンキ」ともいわれ、医薬部外品での表示名として用いられます。

同様に次ページのトウガラシ果実エキスも、チンキの場合は「トウガラシチンキ」といわれ、医薬部外品での表示名として用いられます。

トウガラシ果実エキス

CAPSICUM FRUTESCENS FRUIT EXTRACT

血行促進成分としての働き方
局所刺激型

ネガティブリスト

- トウガラシの果実から抽出したエキスです。
- 辛味成分の「カプサイシン」や、色素成分の「β-カロチン」「ルテイン」などが豊富に含まれています。
- 辛いものを食べると汗が出るように、**血行がよくなり、発汗作用があります。**入浴剤に多く使用されます。

エキスは黄赤色の透明な液体。写真は、原材料のトウガラシ

- 頭皮を刺激し、血行を促進する成分として、スカルプケア製品によく配合されます。特に育毛効果は非常に高く、トウガラシ果実エキスが配合された育毛剤は医薬品、医薬部外品として扱われています。

CILA 読み解くコツ

ネガティブリストによる規制

刺激が強く、皮膚の負担になりやすいトウガラシ果実エキス（トウガラシエキス）や同様の性質を持つほかの成分（ショウガ根エキス、マメハンミョウエキス（慣用名カンタリスチンキ））を化粧品に配合する場合、その配合量はこれらの成分の合計で1％以下、という規制があります（抽出溶媒はエタノールに限る）。

収れん・制汗

肌表面のタンパク質を収縮する特性によって、汗腺を閉塞、あるいは引きしめて、発汗や皮脂分泌を抑える成分です。

肌表面のタンパク質を収縮することは、皮膚を補強することにもつながります。汗腺を閉塞することは、肌の血色やハリをよくし、引きしまった印象を与えます。

収れん・制汗成分には、硫酸Al/Kなどのアルミニウム化合物、エタノールなどがありますが、アルコールの場合は、**揮発**★する際に熱を奪って皮膚を瞬間的に縮める働きもあります。

クロルヒドロキシAl
ALUMINUM CHLOROHYDRATE

- 水に溶けやすく、アルコールには溶けません。

- 粉体のままでも水に溶かしても使えます。制汗効果が高く、皮膚刺激も少ないので、もっとも多く使われる成分です。

- 日本では、制汗剤に使われる主流の成分です。肌にとどまって汗腺に栓をすることで、汗が出る前にワキ汗そのものをブロックし、汗ジミやにおいの原因をもとから抑えます。

白色の粉体、または白色半透明のかたまりで、無臭

硫酸(Al/K)

POTASSIUM ALUM

- ミョウバンと呼ばれます。また、ミョウバンが結晶となった天然塩は「アルム石」と呼び、古くからデオドラント剤として使用されていました。

- 水によく溶け、水の温度が上がると溶解度も大きくなります。アルコールには溶けません。

無色〜白色の結晶または粉体で、無臭。味はやや甘い

- 静菌、制汗、消臭の効果をあわせ持った、優れた消臭成分です。においのもととなる雑菌と汗を同時に抑えることで、においの発生源を清潔に保ち、同時に消臭します。

CiLA 読み解くコツ

食品に使われる安全な成分

日本では古くから、漬物の色を鮮やかにしたり、サツマイモや栗のあくを抜いたりするものとして使用されています。市販されている、安全で一般的な食品添加物です。

皮脂抑制

皮脂の分泌を抑える成分で、過剰な皮脂による肌トラブルを防ぎます。
皮脂には、皮膚表面から水分の蒸散を防ぎ、外部から異物の侵入を防ぐ皮膚の保護・殺菌作用があるとされています。
しかし過剰な皮脂は、有益な作用よりも美容上のトラブル（てかり、ベタつき、化粧くずれ、ニキビなど）の要因となることから、適切なオイルコントロールが必要です。

皮脂成分は絶えず空気にさらされているため、紫外線や大気中の酸素の影響を受けて、酸化しやすい状態にあります。
酸化反応はドミノ倒しのように、連鎖的に進行します。酸化した皮脂成分は肌状態を悪化させ、肌あれを引き起こすばかりか、皮膚内に酸化反応の連鎖が伝わります。そして真皮にも悪影響を及ぼすので、皮膚老化を促進する要因といわれています。

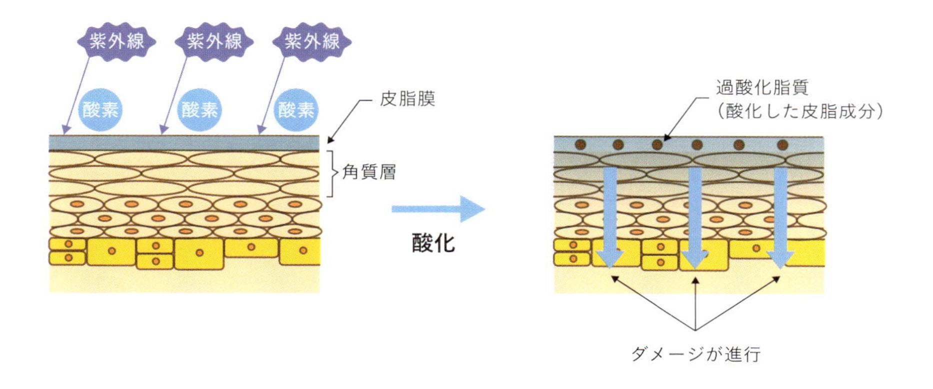

ピリドキシンHCl
PYRIDOXINE HCL

- 緑色植物や卵黄などに含まれています。
- 水に溶けやすく、アルコール類には溶けにくい成分です。
- 抗アレルギー作用、皮脂の分泌を抑え、ニキビや肌あれの防止、皮膚炎、湿疹の予防などの目的で配合されます。

白色～黄色の塊状、針状結晶

ローズマリー葉エキス
ROSMARINUS OFFICINALIS (ROSEMARY) LEAF EXTRACT

- シソ科の植物マンネンロウの葉から抽出されるエキスです。
- 消炎効果、殺菌効果があるため、エイジングケア、肌あれ用の化粧品など、幅広く配合されます。

エキスは淡黄色～赤褐色で、独特のにおいあり。写真は、原材料のローズマリー

チョウジエキス

EUGENIA CARYOPHYLLUS (CLOVE) FLOWER EXTRACT

- フトモモ科の植物チョウジノキの開花直前のつぼみから抽出したエキスで、英語名はクローブ。釘のような形をしていることから、釘と同義の「丁」を使って、丁子といわれます。

- 吹き出物やニキビを防ぐ効果も知られています。香水や香袋材料、防虫香としても用いられます。

- 香辛料としてカレーなどに使われます。

エキスは黄茶色でにおいあり。写真は、原材料のチョウジノキ

オウレン根エキス

COPTIS JAPONICA ROOT EXTRACT

- キンポウゲ科の植物オウレンの根茎から抽出したエキスです。

- オウレンエキスには、「ベルベリン」や「オーレニン」などの**アルカロイド★**を含みます。抗菌作用があるため、ニキビケア用の化粧水や洗顔料などに配合されます。

エキスは黄褐色～灰黄褐色の液体。写真は、原材料のオウレン

消臭

体から発生した、嫌なにおいを消去する成分です。

消臭方法には、香料でにおいを覆い隠す「マスキング」、においのもととなる汗を抑える「制汗」、汗やアカを分解し、においを発生させる皮膚常在菌の働きを抑える「殺菌」、においの原因成分を結合・吸着する「消臭」があります。

消臭成分としては、酸化亜鉛や酸化マグネシウム、ポリフェノールやフラボノイドを含む天然物（緑茶エキスなど）のように、におい成分を化学的に結合することで効果を発揮する成分と、炭などのように、細かい孔ににおい成分を物理的に吸着させる成分などが使われています。

体臭を抑える目的で使われるデオドランド化粧品（医薬部外品の場合は、腋臭防止剤）は、マスキング、制汗、殺菌、消臭作用などを駆使してつくられています。

チャ葉エキス
CAMELLIA SINENSIS LEAF EXTRACT

- ツバキ科植物・チャの葉から抽出したエキスです。
- 紫外線を吸収し、皮膚の奥に紫外線が届く前にブロックする働きもあります。
- カテキン、ビタミンA、ビタミンC、ビタミンEなど、美しい肌へ導く天然の美容成分がたっぷり含まれており、消炎作用、収れん作用、保湿、酸化防止作用が期待できます。

濃茶～赤茶色の液体で、わずかに特異なにおいあり。写真は、水、BGとの混合原料

炭
CHARCOAL POWDER

- 木材、竹などを加熱することによって得られます。

- 脱臭・吸着効果は、木材や竹を蒸し焼きにすると、炭の内部に、1mmのさらに1000万分の1のサイズの、無数の孔が生まれることに由来します。これを表面積に直すと、炭1gで何と、テニスコート1面分（200 ～ 400m²）にもなります。においのもと（**分子★**）や化学物質がこの孔に近づくと、両者の間には「分子間力」が働き、各分子は孔の中に引き込まれます。
いわばスポンジのような仕組みで、炭はにおいや化学物質を吸着するのです。

乾燥した炭化物

ゼオライト
ZEOLITE

- ゼオライトは、合成ゼオライト、人工ゼオライト、天然ゼオライトに分類されます。

- 皮膚の表面の汗腺や皮脂線から出る老廃物や脂肪酸を吸着して、ニキビや加齢臭の原因物質、できてしまった原因物質を取り除きます。

少し灰色がかった白色の粉体

Column

糖化が及ぼす肌への影響は?

糖類がタンパク質や脂質と結合する化学反応を「糖化反応」、もしくは単に「糖化」といいます。

私たちの体の中でもエネルギー源として使い切れなかったブドウ糖や果糖といった糖質が体の中にあるタンパク質（真皮にあるコラーゲンやエラスチンなど）と結合する糖化反応が起きています。

糖化によってコラーゲンやエラスチンなどが変質することで、肌は潤いや弾力を失ったり、シワやたるみを引き起こしたり、褐色の糖化生成物によって肌のくすみを生じさせたりすると考えられています。

ここ数年で研究が進んでいる分野で、糖化反応を阻害したり、糖化生成物を分解したりいくつかのアプローチが検討されています。それにともなっていろいろな成分や抗糖化についての考え方が今後登場してくるかもしれません。

Chapter 3
安定化成分

製品の品質や安定性を高めるための成分です。使い勝手をよくする増粘、微生物による劣化を防ぐ防腐、酸化やミネラルによる劣化を防ぐ成分などがあります。

増粘

液体に溶かして、いろいろな粘度（とろみやかたさ）を生じさせるために配合する成分です。

水に溶けて水に粘度を与えるものと、油に溶けて油に粘度を与えるものに、大きく分けることができます。

増粘剤には、乳液の分離を抑制する乳化安定作用や、化粧品がポタポタとたれないようにする、使いやすさの向上、高級感の演出といった役割があります。

油は水よりも軽いため、特に乳液では、何もしないと乳化によって水中に分散している油滴が徐々に浮き上がってきます。この現象を抑制するために、水に増粘剤を加えてとろみを与え、油滴が浮いてこないようにするのが一般的です。

水を増粘させる成分としては、微生物がつくり出す粘性成分の「キサンタンガム」、植物に含まれる繊維質をもとに合成する「セルロースガム」、アクリル酸系合成高分子の「カルボマー」、泥や粘土の成分をもとにつくられる粘土系増粘剤の「ケイ酸（Al/Mg）」や「ベントナイト」などがよく使われます。

油を増粘させる成分としては、ロウやワックス、高級アルコールなどの固形、ペースト状の油、泥や粘土の成分を油に混ざるよう改質した有機変性粘土鉱物の「ジステアルジモニウムヘクトライト」「ステアラルコニウムヘクトライト」、高級脂肪酸と多糖を結合させた「パルミチン酸デキストリン」などがあります。

また、「（アクリレーツ／アクリル酸アルキル（C10－30））クロスポリマー類」（旧称：（アクリル酸／アクリル酸アルキル（C10－30））コポリマー）といった、増粘剤に界面活性剤的な機能をつけ加えた「高分子乳化剤」と呼ばれる成分も、近年さかんに開発されています。（150ページ参照）

カルボマー
CARBOMER

- 合成**ポリマー★**の代表で、水にとろみを与えます。
- 水分を抱え込む力がとても高いため、水分をたくさん含んでも水がしたたり落ちません。ひとかたまりのゲル状にまでなります。
- どれも成分名はカルボマーですが、とろみのでかたや他の成分との相性など特徴の異なるものがいくつかあります。

白色の粉体

- 多糖類と比べて腐りにくく微生物汚染に強いのも特徴です。
- アルカリ性の成分と反応させると増粘する性質があるため、全成分表示では水酸化Kや水酸化Naなどのアルカリ性成分とセットで登場します。

ペクチン
PECTIN

- 天然由来のポリマーの代表で、水にとろみを与えます。
- 柑橘類の果皮などから抽出される**多糖類★**です。
- 原料のタイプによりますが、ペクチンの水溶液をカルシウムと合わせることで、かためのゲルをつくることができます。

白色〜灰色の粉体

- ジャムやゼリーをつくる際、口当たりをよくする**食品用ゲル化剤として使われていますが、微生物の栄養になるため劣化しやすいのも特徴です。**

キサンタンガム
XANTHAN GUM

- 天然由来のポリマーの代表で、水にとろみを与えます。
- 水や熱湯に簡単に溶けて、中性の粘液となります。低濃度で高粘度の溶液になる、という特徴があります。
- 乳液や美容液といった液状の化粧品に配合され、しっとり感など使用感を調節します。

淡黄色の粉体

- キャベツに含まれる成分ですが、工業的には、トウモロコシデンプンから抽出したブドウ糖などの炭水化物を、「キサントモナス菌」を使って酸素の多い環境で発酵させてつくります。
- ファンデーションやアイシャドウなど、粉状化粧品を固形状にするための結合剤として用いられます。

パルミチン酸デキストリン
DEXTRIN PALMITATE

- 高級脂肪酸のパルチミン酸と、デンプン由来のデキストリンの化合物です。
- 液状の油性成分にとろみを与えます。
- 粉体や色素を分散して安定させるために、メークアップ化粧品にも使用されています。

白色～淡黄褐色の粉体

防腐

化粧品は食べ物に比べて開封後の使用期間が長く、一般的に常温で保管されます。そして、使用しているうちに手指に付着していた菌や、空中を浮遊している菌などが入り込むことがあります。

そのため、微生物が好む水や栄養分がたくさん配合された化粧品は、微生物の繁殖を防ぐ手段を講じないと腐ることがあります。

最後まで安全な品質のまま使いきるために、化粧品には微生物を死滅、減少させる、殺菌効果のある防腐剤が配合されます（ただし水や菌の栄養となる成分をほとんど含まないスティックタイプの口紅やクレンジングオイル、ヘアオイルなどは、もともと腐りにくいため、防腐剤を入れなくても問題ないものが多くあります）。

化粧品を微生物から守るために配合する防腐剤は、日本ではポジティブリスト（175ページ参照）に掲載の成分に限定されています。ポジティブリストに掲載されていない防腐剤を使うことは禁止されています。

使用が許可されている防腐剤は数十種類ありますが、中でも実績や安全性が高く評価されているメチルパラベン、エチルパラベン、フェノキシエタノールがよく使われます。

「防腐剤フリー」「防腐剤無添加」とは？

微生物に直接作用してこれを死滅、減少させる「殺菌」とは別に、微生物が育ちにくい環境をつくり、最終的には微生物が自滅する**静菌**★という防腐方法があります。

「防腐剤フリー」「防腐剤無添加」の化粧品は、防腐剤を使わず、静菌による防腐方法を活用しています。

微生物が育ちにくい環境をつくる性質を持った成分としては、BGやDPG、1, 2-ヘキサンジオールなど、多価アルコールと呼ばれる保湿剤（26 ～ 28ページ参照）が有名です。多価アルコールの多くは、保湿作用だけでなく静菌作用にも優れているため、防腐剤無添加の化粧品をつくる際によく使われます。

ただし、静菌作用のある成分だけでは防腐力が不十分なため、外から微生物が混入しにくい密閉性の高い容器を採用したり、微生物が繁殖する前に使い切れるよう小容量にするなど、いくつかの工夫をうまく組み合わせて、防腐剤無添加化粧品がつくられています。

メチルパラベン
METHYLPARABEN

ポジティブリスト

- パラベン（パラオキシ安息香酸エステル）の一種です。パラベン類の中ではもっとも水に溶けやすく、非常に広範囲の微生物に殺菌力を持っています。

無色または白色の結晶性粉体で、無味無臭

CiLA 読み解くコツ

代表的なパラベン4種類

パラベンの中でも、よく化粧品に使用される代表的な4種類が「メチルパラベン」「エチルパラベン」「プロピルパラベン」「ブチルパラベン」です。メチルパラベンは殺菌力は最も弱いものの、肌への刺激が非常に少ないため、低刺激化粧品に使用されます。

また、ほかの種類のパラベンと組み合わせることで、殺菌効果が上がります。

抗菌・殺菌・静菌って?

抗菌
- 殺菌／細菌などの微生物を死滅、もしくは減少させる作用
- **静菌**★／細菌などの微生物の増殖を抑制する作用

※殺菌、静菌作用は、抗菌作用の一部です

フェノキシエタノール
PHENOXYETHANOL

ポジティブリスト

- 「グリコールエーテル」というアルコールの一種で、玉露の揮発成分として発見されました。
- 香水の香りを保つための保留剤としても使用されます。

無色～淡黄色のわずかに粘性のある液体で、かすかににおいあり

CiLA 読み解くコツ

パラベンフリーの化粧品にも使用

パラベンが効きにくい微生物に有効ですが、パラベンよりも殺菌力が劣るため、単独で化粧品に配合する際はパラベンよりも配合量が多くなります。一方で、パラベンが効きにくい微生物に有効な面があり、パラベンと組み合わせて配合されることもあります。

安息香酸Na
SODIUM BENZOATE

ポジティブリスト

- エゴノキ科安息香の木の樹脂に含まれます。
- 水によく溶けます。
- 殺菌作用は弱いですが、強い**静菌**★作用があります。

白色の粒状や結晶性粉体で、無臭

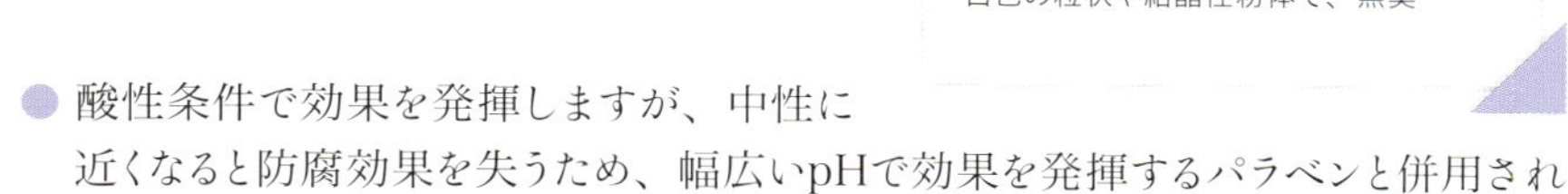

- 酸性条件で効果を発揮しますが、中性に近くなると防腐効果を失うため、幅広いpHで効果を発揮するパラベンと併用されることもあります。

メチルクロロイソチアゾリノン

METHYLCHLOROISOTHIAZOLINONE

ポジティブリスト

- 単体での使用は、日本では許可されていません。必ず「メチルイソチアゾリノン」という防腐剤とセットで配合されます。
- 輸入化粧品に比較的よく使われています。

無色透明の液体

ヒノキチオール

HINOKITIOL

ポジティブリスト

- ヒノキ科植物ヒノキの樹皮から抽出、精製してつくられる、ヒノキ油やヒバ油などの精油の中に存在します。現在は化学合成によってもつくられています。
- アルコールに溶けやすい性質があります。
- 医療分野では結核菌殺菌作用、皮膚疾患や歯槽膿漏(しそうのうろう)の治療に使われます。

白色〜黄色の結晶や結晶性の粉体、またはかたまり。ヒバ特有のにおいあり

- 化粧品の防腐剤として化粧品基準別表第3に掲載されている一方で、フケ、かゆみ防止の作用も知られており養毛剤や育毛剤の有効成分としても使われています。

o-シメン-5-オール
O-CYMEN-5-OL

ポジティブリスト

- 広い範囲の微生物に対する、高い殺菌作用があります。
- 皮膚刺激性がほとんどありません。
- ニキビ、肌あれ等の肌トラブルを改善、また頭皮のフケを抑える作用もあります。

白色あるいは無色

ベンザルコニウムクロリド
BENZALKONIUM CHLORIDE

ポジティブリスト

- 洗浄力はほとんどなく、消毒目的で使用されるカチオン界面活性剤です。「逆性石ケン」（下記参照）の代表です。
- 殺菌、防腐力を持ち、手指消毒製品やフケやかゆみを防ぐ頭髪用製品に広く使われています。

白色～淡黄色の無晶性の粉体やゼラチン状の小さなかたまりで、特異なにおいあり

逆性石ケンとは

一般に使用されている石ケンが、水に溶けると陰イオンになるのに対して、逆性石ケンは水中で陽イオンになります。そのため、石ケンと逆の性質を持つという対比から、「逆性石ケン」と名づけられました。

しかし石ケンのような洗浄力はなく、細菌に対する除菌や殺菌の目的で使用されます。「陽性石ケン」「陽イオン界面活性剤」とも呼ばれます。

酸化防止

化粧品には、油脂やロウ類、界面活性剤や香料、ビタミンなど、酸素によって酸化しやすい成分がたくさん使われています。それらの成分が酸化すると、においや色、性質が変化したり、変質した成分が肌に悪影響を及ぼすことがあります。

酸化反応そのものが起きないようにする、酸化反応を途中で止める、酸化のスピードを遅くする、といった作用を持ち、酸化による品質の劣化を防止する成分が、酸化防止成分です。

酸化防止成分の中でも、トコフェロール（ビタミンE）やアスコルビン酸（ビタミンC）、アスコルビン酸の**誘導体**★などは、紫外線や活性酸素による皮膚の酸化が原因の老化を抑制する機能性成分として、研究が進んでいます。

BHT

BHT

- 水に溶けません。
- ほかの酸化防止成分に比べて、耐熱性に優れています。
- 自らが酸化することによって、脂質の酸化による変性を防止する、という働き方をします。

無色の結晶や白色の結晶性粉体、またはかたまりで、無味無臭

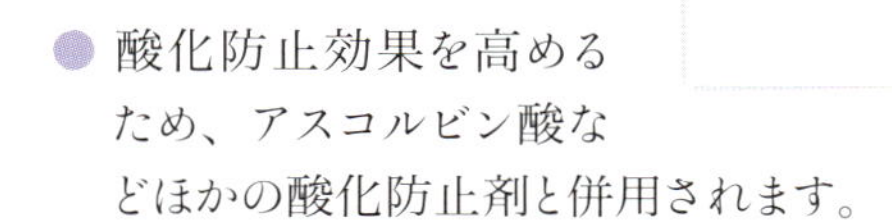

- 酸化防止効果を高めるため、アスコルビン酸などほかの酸化防止剤と併用されます。

ピロ亜硫酸Na

Sodium Metabisulfite

- 白色の結晶性粉末で、二亜硫酸ナトリウムとも呼ばれる化合物です。成分そのものは特異な匂いがありますが、化粧品に配合される一般的な量ではほとんど匂いは感じられません。

白色の粉体

- 化粧品で使われる酸化防止剤は油溶性のものが多いのですが、これは水に溶けやすく、水に溶けると弱酸性を示します。

- 水に溶けている成分を酸化から守りたい場合に効果的で、水を多く含むスキンケア化粧品やリキッドファンデーションなどで使われています。

トコフェロール
TOCOPHEROL

● ビタミンEのことです。水にほとんど溶けず、アルコールやオイルによく溶ける性質を持っています。

● 発毛促進剤にも使用されるほか、医薬品として内服・外用に使われることもあります。

黄色～黄褐色の粘りけのある液体

● 皮膚の末梢血管を拡張して血液循環を促進する働きや、皮膚の角化を促進する働きを持ちます。肌あれ防止や老化防止、くすみを防ぐ効果があるといわれています。

以前は由来により、名前が分かれていました

以前は合成の「dl-α-トコフェロール」「d-α-トコフェロール」と天然の「天然ビタミンE」の3種類が定義されていましたが、現在、日本化粧品工業連合会が作成している化粧品の成分表示名称では、これらはすべて「トコフェロール」という名称に統合されています。

いずれも、トコフェロールという同じ化学物質だということでしょうが、「dl-α-トコフェロール」だけは皮膚刺激があるという理由で、旧表示指定成分でした。

また、「天然ビタミンE」にもたくさんの種類があり、代表的なものは「α-トコフェロール」「β-トコフェロール」「γ-トコフェロール」「δ-トコフェロール」の4種類です。酸化防止作用が強い順に、「δ」「γ」「β」「α」だといわれています。

キレート（金属イオン封鎖）

水の中には、カルシウムイオンや鉄イオンなど、いろいろなミネラル分＝金属イオンが含まれています。

ミネラル水は、人が飲む場合は栄養価の高い水として重宝されますが、水の中にカルシウムイオンや鉄イオン等が多量に存在すると、例えば、お風呂場で石ケンを泡立てようとしても泡立たず、洗浄力は極端に低下します。

金属イオンは洗浄力を低下させる以外にも、ごく微量でもほかの成分と反応し、化粧品を褐色に変色させてしまうことがあります。

そこで、化粧品の性能を阻害したり変質させる金属イオンと結合することで、それを無力化する働きを持つ成分、キレート剤（金属イオン封鎖剤）が化粧品に配合されます。

温泉水で石ケンの泡立ちが……

温泉水では、石ケンの泡立ちが悪い場合があります。

これは、石ケン素地が温泉水に含まれるカルシウムやマグネシウムなどと結合し、界面活性力を失うからです。

そのため、キレート剤が製品に配合されることがあります。

エチドロン酸
ETIDRONIC ACID

- 水に溶けやすい成分です。
- 化粧品の変色防止、変質防止に使われています。

無色で無味無臭

EDTA-2Na
DISODIUM EDTA

- 主に石ケン、洗顔料やシャンプーなどに使われます。
- PRTR法（下記参照）で第一種化学物質の指定を受けたEDTAとは名前が似ていますが構造が違うのでこの成分は対象外です。

無臭の白色結晶性粉体

PRTR法とは

化学物質による環境汚染を未然に防止するため、日本では、1999年7月にPRTR法が公布されました。事業者（企業など）が1年間のうち、ダイオキシン類など全354種類の化学物質を環境中に排出したかを把握し、届け出ます。そしてその結果を集計・公表する仕組みです。EU諸国のように、使用を禁止するまでは法制化されていません。

化粧品の素材としてはEDTAなどが該当します。

pH調整

化粧品のpH（ピーエイチ）を調整する成分で、水酸化Naや水酸化Kなどのアルカリ剤と、クエン酸やグリコール酸、アスコルビン酸などの酸性剤があります。

pHとは、物質の酸性からアルカリ性までの度合いを示す基準数値（水素イオン濃度指数のこと）で、0 ～ 14までの数値で表されます。

7を中性とし、0 ～ 7が酸性、7 ～ 14がアルカリ性で、数値が小さくなるほど強酸性、数値が大きくなるほど強アルカリ性を意味します。

人間の肌は、pH 4.5 ～ 6.5に近い弱酸性といわれており、pH 4.5 ～ 6.5から数値が離れるほど肌への刺激が強くなります。

石ケンはアルカリ性のものが多いため、**洗浄後は一時的に皮膚のpHがアルカリ性に傾きますが、自然と弱酸性に戻ります（これを「アルカリ中和能」といいます）。**

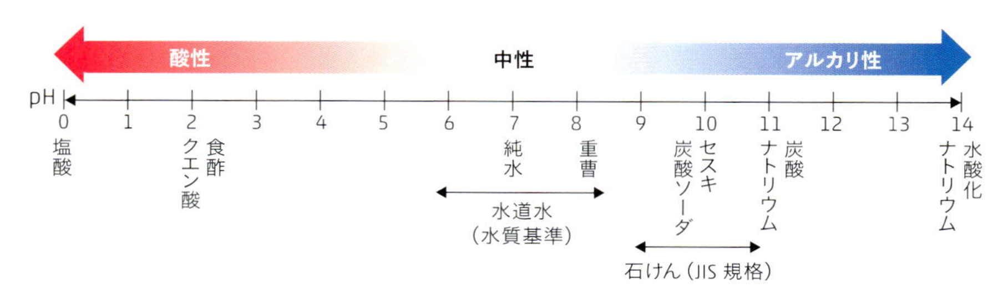

pH緩衝剤

化粧品を製造する際、成分のほんのちょっとした配合量の違いでpHが大きく変化したり、製造から時間が経過して化粧品のpHが徐々に変化することが心配されるときには、クエン酸とクエン酸Naを組み合わせて配合し、pHを安定させることがあります。

このようにpHを安定化する成分を「pH緩衝剤」と呼びます。

多くの場合、一つの成分ではなく、クエン酸とクエン酸Naのように複数の成分を組み合わせることで、この性質を出すことができます。

化粧品では、弱酸性に安定化させるクエン酸とクエン酸Naや、リン酸Naとリン酸2Naなど、いくつかの組み合わせで使われています。

水酸化Na
SODIUM HYDROXIDE

アルカリ剤

● 食塩水を電解（電気分解の略）して得られます。
食塩水などの溶液には電気を導く性質があり、その溶液に「＋」「－」の電極を入れて電圧を加えると、溶液中に溶けているイオンがそれぞれの電極に移動し、元素に戻ります。この現象を電解といいます。

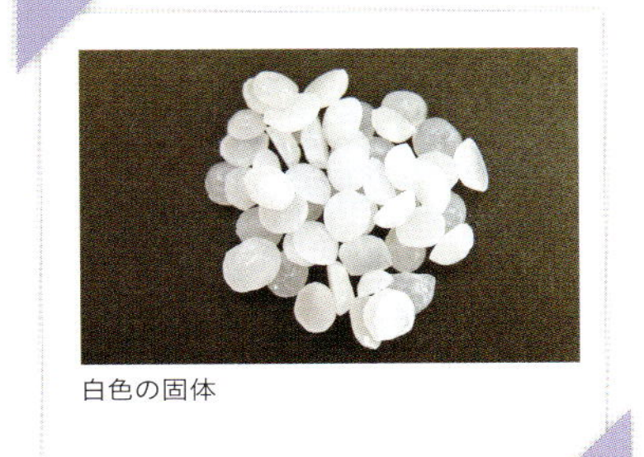
白色の固体

● 水に大変溶けやすく、アルカリ性を示します。

● 強アルカリ性で腐食性の高い劇物なので、化粧品に単独で配合することはまずありません。油脂や高級脂肪酸と組み合わせ（中和反応させ）て石ケンを合成したり、カルボマーや（アクリレーツ／アクリル酸アルキル（C10-30））クロスポリマーなどと組み合わせ（中和反応させ）て増粘効果を出すなど、酸性の成分と中和反応させる使い方になっているはずです。

TEA
TRIETHANOLAMINE

アルカリ剤

● アンモニア水と酸化エチレンの反応によってつくられるアミンです。

● 合成界面活性剤の原料として、またステアリン酸との組み合わせで乳化成分をつくる場合や、カルボマーの中和剤として、ジェルをつくる際に使われます。

吸湿性を持った無色～淡黄色の液体で、わずかにアンモニア臭あり。空気や紫外線で褐色に着色される

クエン酸
CITRIC ACID

酸性剤

- 生体内でのエネルギー代謝において重要な役割を果たす成分で、細胞の活動を促進する効果もあります。
- 安全性が高く、食品添加物としても使用されています。

無色透明の結晶、または結晶粉体。酸味あり

リンゴ酸
MALIC ACID

酸性剤

- リンゴ、ザクロ、ブドウなどの果実や野菜に含まれています。
天然以外に、さまざまな方法で合成されます。
- さわやかな酸味を有するため、食品に酸味料としても使用されています。

白色の粉体または結晶で、特有の酸味あり

- 少し強めの酸性成分なので、pH調整剤としてだけではなく、化粧品を酸性にしてピーリング効果を与える「ピーリング剤」として使われることもあります（グリコール酸、乳酸、クエン酸も同様に、ピーリング剤として使われることがあります）。
リンゴ酸などをピーリング剤として使っている場合、製品の宣伝などでは「フルーツ酸」「AHA」などの名前で紹介されることが多いです。

Chapter 4

その他成分

見た目や香り、使用感を調整するための成分です。スキンケア製品以外に、メイクアップやボディケア商品で目にすることが多い成分です。

香料

化粧品に香りをつけるための成分です。

香りによって、人はリラックスして安眠できたり、シャキッと目覚めたり、相手への印象が変わったりします。つまり香りは、人の心に作用して心理状態や体調にまで変化を及ぼす、化粧品にとって大切な成分です。

原料のにおいを隠す、「マスキング」のために使われることもあります。

香料には天然香料と合成香料があります。

化粧品には、1種類だけの天然香料や合成香料で香りをつけることはほとんどありません。多くの場合、さまざまな天然香料や合成香料を混ぜ合わせて、香りをつけます。香料を組み合わせ、イメージしたとおりの香りをつくり出す仕事をする人が、「調香師」です。

●天然香料

植物や動物から蒸留、抽出、圧搾などの分離工程で抽出した香り成分です。

自然界に存在する植物や動物から得られるため、収穫時期や産地によって、香りが異なることがあります。

・**植物性香料**／オレンジ油、ラベンダー油など、植物から得られる精油やローズなどの香料

主に、柑橘系果実の精油は圧搾法、ローズやラベンダーなどの花・茎から得られる精油は、水蒸気蒸留法で抽出します。例えば、ダマスクローズの花を水蒸気蒸留法で抽出すると、ローズオットーといわれる精油とローズフローラルウォーターといわれる水に分かれ、それぞれがアロマテラピーなどに用いられています。

・**動物性香料**／ジャコウジカ（ムスク）、ジャコウネコ（シベット）、ビーバー（カストリウム）、マッコウクジラ（アンバーグリス）など動物から得られる香料

動物保護の観点や供給の不安定さなどの原因から使用は減っています。

●合成香料

天然香料には、香りの成分以外にもさまざまな成分が含まれているため、化粧品にしっかりと香りをつけるには、多量を配合する必要があります。ところが、化粧水のような水系の処方には配合しにくく、また、天然香料に含まれる成分の中には肌に悪影響を及ぼすものもあり、肌に塗ってはいけないものがいくつかあります。

そこで、天然香料を分析して香りの成分だけを特定し、人工的につくったものが、合成香料です。香りの成分そのものなので、きわめて少量でも天然香料と同じような香りをしっかりとつけることができます。

CiLA 読み解くコツ

香料という成分名

化粧品に香りをつけるために配合される成分を、すべて香料と呼びます。例えばオレンジ油とラベンダー油、シトロネロールとオイゲノールを使って香りをつけた化粧品の場合、これら四つの成分を全部まとめて「香料」と記載することもできますし、オレンジ油とラベンダー油は成分名を記載し、残り二つの成分をまとめて「香料」と記載することもできます。また、「香料」とせず、四つ全部の成分名を記載することも可能です。

無香料と無臭は違います

界面活性剤などのベース成分にはそれ自体のにおいあるため、香りをつけるための成分を使わずとも、化粧品ににおいがあることはめずらしくありません。つまり、においがあるからといって、必ずしも香料が使われているとは限らないのです。

また、上記でふれたとおり、香りをつけるための成分をいくつか配合したとしても、それらをまとめて「香料」とせず各成分名で記載した場合、全成分表示に「香料」という記載は出てきません。

温感・冷感成分

肌に塗布したときに、温感や冷感（清涼感）を感じさせる成分です。

●温感成分

温感成分は次の2タイプに分けられます。

・皮膚にある熱を感じるセンサーを刺激することで、温感を与えるタイプ

代表的成分／トウガラシ果実エキス、バニリルブチル

成分が肌の上にある間は常に熱刺激受容体（熱さを感じるセンサー）を刺激し続けるため、温感効果が長時間持続するのが特徴です。入浴剤によく用いられます。

・水と混ざるときに発熱する成分を使い、塗った際肌の上の水分と混ざって発熱するタイプ

代表的成分／グリセリン、ゼオライト

水と混ざり終わると発熱が終わり、温感は持続しません。水と混ざるときに発熱するため、ほとんど水を含まない処方になっています。使用中のみ温感が感じられればよいマッサージ料によく用いられます。

●冷感成分

冷感成分は次の2タイプに分けられます。

・皮膚にある冷たさを感じるセンサーに作用し、より高い温度でも冷たいと感じさせるタイプ

代表的成分／メントール、カンフル

約26℃で冷たい、という信号を発する冷刺激受容体（冷たさを感じるセンサー）に作用して、より高い温度でも冷たく感じさせます。成分が肌の上にあるうちは、効果が持続するのが特徴です。

・蒸発する際、周囲の熱を奪う成分を用いるタイプ

代表的成分／エタノール

夏の暑い日に打ち水をすると、水が蒸発する際に熱を奪って涼しくなります。これと同じ原理で、蒸発するときに肌の熱を奪うため、実際に温度が下がります。蒸発してしまうので、効果は持続しません。

色材

化粧品や肌に色をつけるための成分（着色剤）です。

メークアップ化粧品で使われる着色剤は、肌色を補正したり、目周りや唇に陰影をつけたりなど、肌上ではっきりと発色させなければなりません。一方、スキンケア化粧品で使われる着色剤はほとんどの場合、製品の魅力を高めるために製品自体に色が付いていればよく、肌上での発色は必要ありません。そのため、メークアップとスキンケアで使われる着色剤の種類や量は大きく異なります。

色材は、**無機**★顔料、**有機**★合成色素、天然色素の三つに大きく分けられます。

●無機顔料

顔料とは、水や油に溶けない粉体状の色材のことで、中でも有機物を含まないものを無機顔料と呼びます。

古くは天然の鉱物を粉砕したものが使われてきましたが、近年は合成のものも増えています。

耐光性（屋外で使用した際、変色や劣化等の変質が起こりにくい性質）に優れたものが多く、メークアップ化粧品の着色剤として欠かすことができません。

性質によって、さらに4種類に分類されます。

- **白色顔料**／酸化チタン、酸化亜鉛
- **着色顔料**／酸化鉄、グンジョウ
- **体質顔料**／タルク、シリカ、マイカ、カオリン
- **パール顔料**／魚鱗箔、オキシ塩化ビスマス

上／シリカ　下／マイカ

読み解くコツ

紫外線防止効果もあり

無機顔料は、水にも油にも溶けない比較的大きな粉体で、光を通しません（透明な板に無機顔料を塗ると、光が通らず、反対側は暗くなります)。

そのため、無機顔料を使ったファンデーションの多くは、商品にSPF値やPA値の記載がなくても、多少なりとも紫外線防止効果があります。中でも白色顔料の酸化チタンや酸化亜鉛は、紫外線散乱剤としても使われます（86ページ参照)。

●有機合成色素

無機顔料は種類が限られており、色のバリエーションも乏しく、特に鮮やかな発色の成分がありません。そのため、実に多くの種類の色材が合成されています。

それらは石炭からつくられるコールタールの中に含まれる成分を出発原料に合成されることが多かったため、「タール色素」と呼ばれます。しかし、それ以外の方法で合成される場合もあるため、最近は単に「合成色素」「有機合成色素」と呼ぶことが増えています。

私たちの身のまわりにある色のついたものには、各用途に合わせて開発された有機合成色素が数多く使われています。化粧品も、無機顔料だけでは出せる色に限界があるので、有機合成色素が使われます。

しかし、人の体に直接塗るものなので、何を使ってもいい、というわけではありません。医薬品の着色剤として許可された有機合成色素が83品あり（「法定色素」といいます)、この中からさらに厳選されたものだけが、化粧品に使われています。

●天然色素

ニンジンや紫キャベツなど、自然の中にはさまざまな色を持った動植物が存在します。これらの動植物に含まれる色の成分を取り出したものが、天然色素です。

天然色素は、イメージはよいのですがしっかりと着色できないものが多く、また熱や光で褪色するものも多いため、メーク品に使われることはあまりありません。

Column

「天然=安全」「合成=危険」ではありません

植物のセイヨウアカネの根を由来とする「アカネ色素」が、遺伝毒性や腎臓への発がん性を理由に、化粧品での使用が実質禁止になった事例があります。精製が不十分な天然色素を使ったことが原因と思われる、アレルギー発症の事例があります。天然でも合成でも、危険なものは危険で、安全なものは安全です。

また同じ成分でも、その品質によっては、不純物が原因と思われる問題が起こることもあります。

自分の肌に合うか、合わないか、という正しい視点で選ぶ力を養いましょう。

コチニール色素

2012年に消費者庁が「コチニール色素に関する注意喚起」を公表したため、コチニール色素を不安視されている方もいるでしょう。

コチニール色素は、「エンジムシ」という天然物から抽出されますが、微量ながらエンジムシのタンパク質が混じるため、タンパク質に反応する方にアレルギー症状が出るようです。

しかし、アレルギーが出る、出ないは、体質にもより、さらにいえば、コチニール色素に限ったことではないのです。

植物エキス一覧

表示名称 期待される作用	肌あれ	乾燥 小ジワ	美白	抗酸化	抗炎症	抗老化
アーチチョーク葉エキス			○		○	○
アルテア根エキス		○			○	○
アルニカ花エキス		○	○	○	○	○
アロエベラ葉エキス		○	○		○	
イチョウ葉エキス		○	○	○	○	○
ウンシュウミカン果皮エキス		○		○	○	○
オウゴン根エキス		○	○	○	○	○
オタネニンジン根エキス		○			○	○
オトギリソウ花／葉／茎エキス	○	○	○	○	○	○
オリーブ葉エキス		○		○	○	
オレンジ果実エキス					○	
褐藻エキス	○	○	○			○
カミツレ花エキス		○	○	○	○	○
甘草エキス	○	○	○		○	○
キイチゴ果実エキス	○	○		○	○	○
キハダ樹皮エキス	○	○		○	○	
キュウリ果実エキス						
クチナシ果実エキス		○	○	○	○	○
クララ根エキス		○	○			○
グレープフルーツ果実エキス				○		
クロレラエキス			○			○
コメヌカエキス		○	○	○	○	○
サンザシエキス		○	○	○		○
シャクヤク根エキス			○	○	○	
ショウガ根エキス		○			○	○
シラカバ樹皮エキス		○	○	○	○	○
スギナエキス		○	○	○		○
セイヨウキズタ葉／茎エキス		○		○	○	

※各エキスの効果効能はメーカーによって異なりますが、本書では期待される作用として、まとめて記載しています

保湿	毛穴	血行促進	角質柔軟	収れん 引き締め	抗菌	抗アレルギー	育毛
	○					○	
○			○	○			
		○					
○	○				○		○
		○		○	○		
	○	○					
	○				○	○	○
○		○				○	○
	○			○		○	○
						○	
○				○			
				○	○		○
○		○					○
○					○		
○				○			
				○	○		
○							
	○				○		○
○							
○							○
○				○			
		○		○	○		
○		○		○	○	○	
		○			○	○	○
	○			○			○
		○					
○					○		

表示名称 期待される作用	肌あれ	乾燥 小ジワ	美白	抗酸化	抗炎症	抗老化
セイヨウノコギリソウエキス	○	○		○	○	
セイヨウハッカ葉エキス	○	○		○	○	○
セージ葉エキス		○	○	○	○	○
ゼニアオイ花エキス		○		○	○	○
センチフォリアバラ花エキス		○	○	○	○	○
センブリエキス		○		○	○	
ソウハクヒエキス		○	○	○	○	○
ダイズ種子エキス		○	○	○		○
チャ葉エキス			○	○	○	
トウキ根エキス	○	○	○		○	
トウキンセンカ花エキス	○	○	○		○	○
ノイバラ果実エキス		○	○	○	○	○
ハトムギ種子エキス	○	○	○		○	○
ハマメリス葉エキス		○	○	○	○	○
ビワ葉エキス	○	○	○	○	○	○
プルーン分解物	○		○		○	
ベニバナ花エキス		○	○		○	○
ボタンエキス	○	○	○	○	○	○
マロニエエキス		○	○	○	○	○
モモ葉エキス		○		○	○	○
ヤグルマギク花エキス		○			○	○
ユーカリ葉エキス		○	○	○	○	○
ユキノシタエキス		○	○	○	○	○
ユズ果実エキス	○	○		○		
ラベンダー花エキス		○	○	○	○	○
リンゴ果実エキス			○	○	○	
レモン果実エキス		○				
ローズマリー葉エキス		○	○	○	○	○

※各エキスの効果効能はメーカーによって異なりますが、本書では期待される作用として、まとめて記載しています

セイヨウノコギリソウ

ベニバナ

ユキノシタ

ラベンダー

保湿	毛穴	血行促進	角質柔軟	収れん 引き締め	抗菌	抗アレルギー	育毛
	○			○	○		○
	○	○			○		○
	○			○	○	○	○
			○	○			
				○			
	○	○					○
					○		
	○			○			
	○						○
		○		○	○		
○	○	○			○		○
	○			○			
○	○	○			○	○	○
	○			○			
	○			○		○	○
○				○		○	
	○	○			○	○	○
	○	○		○			○
○						○	
	○			○			○
				○	○		○
	○			○		○	○
○		○					
					○		
○							
○				○	○		
	○	○		○	○	○	○

Column

どこまで天然？ どこから合成？

天然とは、天然の植物や鉱物から抽出したまま、何も手を加えていない状態のものです。

合成とは、その天然の原料が劣化しないように**水素添加★**したり、手を加えた状態のものを指します。

「無添加」は安全？

化粧品メーカーがマーケティング手法の一つとして「石油系界面活性剤無添加」「旧表示指定成分無添加」などのことを「無添加化粧品」として宣伝していることがあります。しかし、化粧品における「無添加」という言葉は、医薬品医療機器等法（旧薬事法）で定義されていません。

無添加化粧品は、旧表示指定成分無添加、香料無添加、防腐剤無添加、鉱物油無添加、アルコール無添加など、何が無添加なのかによって実にさまざまです。例えばエタノール過敏症の方にとってエタノール無添加の化粧品は安心ですが、防腐剤無添加の化粧品はエタノールを使っているかもしれず、必ずしも安全とはいえません。

自分の肌には何が合わないのか、肌に合わない成分が無添加であるかどうかを一人一人が考え、選ばなければいけません。

Chapter 5

全成分表示例

この章では今まで学習した内容をもとに、クレンジングやシャンプー、日焼け止めなどの製品に書かれた実際の全成分表示例を見ていきましょう。どのくらい全成分表示が読み解けるようになったか確認できるドリルもあります。

はじめは、全成分表示に何が書いてあるのかよくわからなかったという方も、少しずつ「どんな化粧品で」「主にどんな成分でつくられていて」「どんな特徴があるのか」を大まかに推定できるようになったはずです。それでは、いろいろな化粧品の、実際の全成分表示を見ていきましょう。

クレンジング料・洗顔料

クレンジング料・洗顔料は、「メーク落とし用＝クレンジング料」「通常の汚れ落とし用＝洗顔料」という分け方が一般的です。しかし、このように使い道で分けるよりも、汚れを落とす仕組みに着目した「**溶剤型**」「**界面活性剤型**」という分け方のほうが全成分表示を理解しやすいです。

●タイプ1　溶剤型

工場などで手についた油汚れを落とす際、油の中に手を入れる方法があるように、油は油とよく混ざる性質を利用して、油性成分が汚れ落としの中心的な役割を担うタイプです。

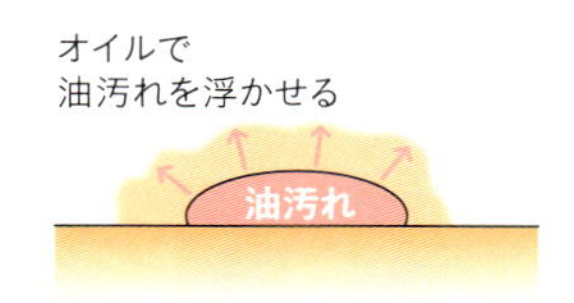

脱脂力の高さが特徴で、肌への密着性が高い、ウォータープルーフのメーク商品の専用リムーバーは、ほとんどがこのタイプです。

全成分表の上位に油性成分が出てきたら、**溶剤型**と考えられます。

ただし例外として、「油性成分が高級脂肪酸の場合」には、界面活性剤型の可能性があります（138ページ参照）。

●タイプ2　界面活性剤型

界面活性剤が油汚れを包み込む性質を利用して、界面活性剤が汚れ落としの中心的な役割を担うタイプです。

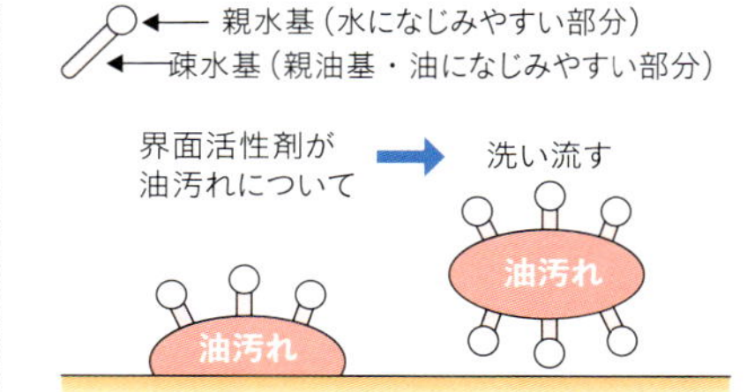

界面活性剤は、疎水基（親油基）が、メーク汚れなどの油汚れにくっつきます。そして、すすぎの際に水が加わることで、界面活性剤の親水基が水にくっつき、油汚れが洗い流される、というメカニズムです。

全成分表の上位から見ていき、油性成分より先に界面活性剤が出てきたら、**界面活性剤型**と考えられます。

クレンジング料・溶剤型

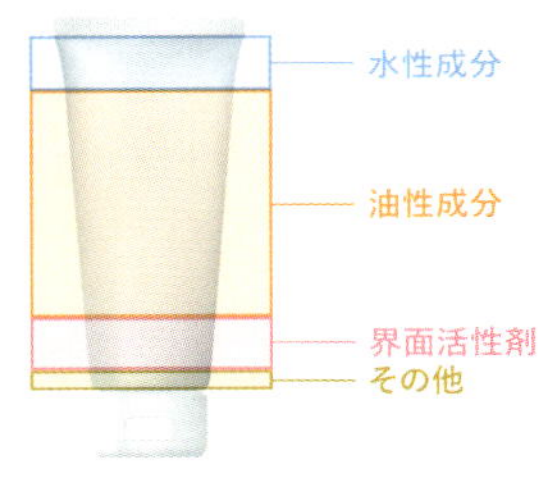

ほとんどのクレンジング料が**溶剤型**のタイプで、クレンジングミルクやクレンジングクリームには水性成分が使われ、クレンジングオイルには水性成分は含まれないか、含まれていたとしてもごく少量です。

溶剤型では、重要な役割を果たす油性成分の配合量が非常に多く、全成分表の上位をかなり占めています。

特にクレンジング料でよく使われる油性成分には、メークなどの油汚れとよく混ざり、価格も手頃、安全で安定している「トリエチルヘキサノイン」や「エチルヘキサン酸セチル」「ミネラルオイル」などがよく使われます。

【クレンジングミルク・クレンジングクリームの全成分表示例】

	成分表示	成分の分類
1	水	水性成分
2	ミネラルオイル	炭化水素
3	エチルヘキサン酸セチル	エステル油
4	DPG	保湿剤
5	ステアリン酸PEG-5グリセリル	非イオン界面活性剤
6	ステアリン酸グリセリル	非イオン界面活性剤
7	ステアリン酸ソルビタン	非イオン界面活性剤
8	ポリソルベート60	非イオン界面活性剤
9	カルボマー	増粘
10	ステアリン酸	高級脂肪酸
11	セタノール	高級アルコール
12	ステアリルアルコール	高級アルコール
13	水酸化K	pH調整
14	トコフェロール	酸化防止
15	メチルパラベン	防腐
16	香料	香料

左の全成分表を上位から見ていくと、油性成分が2番目、3番目に出ているので、**溶剤型**と考えられます。

クレンジングミルクやクレンジングクリームを、メークの上からやさしくマッサージするように塗っていると、徐々にメークの油性成分などが肌から離れて、クレンジングミルクやクレンジングクリームの中の油性成分と混ざり、いわゆる“メークが浮いた”状態になります。

この“メークが浮いた”状態でクレンジングミルクやクレンジングクリームをふき取ったり、洗い流せば、メーク落としは完了です。

クレンジングミルクやクレンジングクリームは、一般的な乳液やクリームと、骨組みとなる成分はほとんど同じですが、最後に、ふき取ったり、洗い流したりして、全部取り除いてしまうので、肌への有効成分が必要最小限のものしか入ってないところが、大きく違うところです。

旅先に、ついうっかりクレンジング料を忘れたときは、油性成分を多めに含んでいる乳液やクリームで代用できますね。

【クレンジングオイルの全成分表示例】

	成分表示	成分の分類
1	ミネラルオイル	炭化水素
2	イソステアリン酸PEG-8グリセリル	非イオン界面活性剤
3	エチルヘキサン酸セチル	エステル油
4	トリエチルヘキサノイン	エステル油
5	水	水性成分
6	イソステアリン酸	高級脂肪酸
7	グリセリン	保湿剤
8	フェノキシエタノール	防腐
9	トコフェロール	酸化防止
10	エタノール	水性成分
11	香料	香料

左表では、1番目に油性成分が出てきているので、**溶剤型**と考えられます。

油は油とよく混ざることを突き詰めると、油性成分を多く含むクレンジングミルク・クレンジングクリームよりも、油そのものを塗るほうが油汚れ＝メーク汚れを落としやすいということになります。

そこで、肌への密着性が高く化粧もちに優れたウォータープルーフのメーク製品の増加に伴い、より強力にメーク汚れを落とせるクレンジング料として需要が高まったのが、クレンジングオイルです。

油だけでも十分にクレンジングオイルの役割を果たしますが、ふき取っても油が残りやすく、ましてや水で流そうとしてもはじいてしまいます。そのため、多くのクレンジングオイルに、界面活性剤（ほとんどの場合が、非イオン界面活性剤）が配合されています。

メーク汚れが十分油と混ざった（メークが浮いた）ところへ水をかけると、メーク汚れが混ざった油と水が、界面活性剤の力で混ざり合ってO/Wの乳液状になり、さらに多量の水でサッと洗い流せる、という仕組みです。

クレンジングオイルは肌によくない？

「クレンジングオイルは肌によくない」というイメージをお持ちの方もいるでしょう。

確かに、メークをしていないのにクレンジングオイルを使うのは、肌によくありません。肌の皮脂も油なので、高い洗浄力で必要な皮脂まで洗い流されてしまうことが考えられるからです。

しかし、密着性が高いウォータープルーフのマスカラや日焼け止めを使っている場合、このタイプのクレンジング料でないと、容易に落とすことができません。

いま、肌の上にある汚れの種類や量に合わせて適切な洗顔料を選ぶことが大切です。

クレンジング料・界面活性剤型

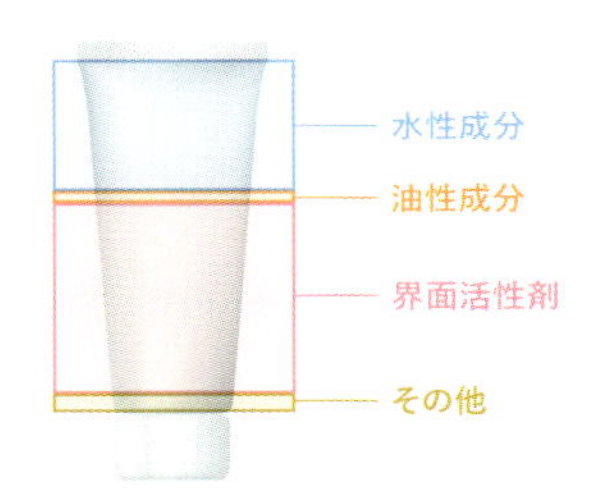

界面活性剤と、それを溶かしておく水性成分が全成分表の上位を占めています。

界面活性剤が、油汚れを包み込むことで汚れを落とす仕組みのため、商品に油性成分が含まれることはありません。もし含んでいたとしても、ごく少量です。

【クレンジングジェルの全成分表示例】

	成分表示	成分の分類
1	水	水性成分
2	DPG	保湿剤
3	ヤシ油脂肪酸PEG-7グリセリル	非イオン界面活性剤
4	イソステアリン酸PEG-20グリセリル	非イオン界面活性剤
5	BG	保湿剤
6	カルボマー	増粘
7	(アクリレーツ/アクリル酸アルキル(C10-30))クロスポリマー	増粘
8	水酸化K	pH調整(中和剤)
9	フェノキシエタノール	防腐

上表では上位に界面活性剤があり、油性成分が含まれていないため、**界面活性剤型**と考えられます。

界面活性剤型のクレンジング料では、グリセリンやBGなどの多価アルコール(27ページ参照)と、非イオン界面活性剤の組み合わせででき上がる「液晶」という構造の中に、油汚れを包み込む方法が多く使われています。

この【クレンジングジェルの全成分表示例】を、
144〜145ページを読んだ後にもう1度見てください!
「CiLA　読み解くコツ」が活用できますよ

洗顔料

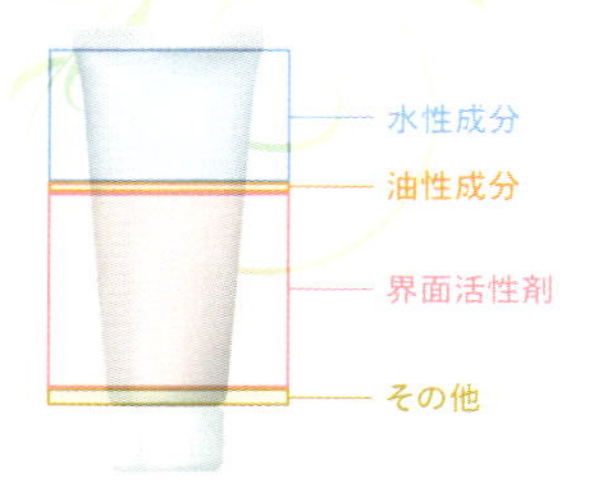

洗顔料は、**界面活性剤型**の製品がほとんどです。**界面活性剤型**のクレンジング料と同様、界面活性剤が油汚れを包み込むことで汚れを落とす仕組みのため、最初から製品に油性成分が含まれることはありません。もし、含んでいたとしてもごく少量です。

【洗顔フォームの全成分表示例1】

	成分表示	成分の分類
1	水	水性成分
2	グリセリン	保湿剤
3	ココイルグリシンNa	アニオン界面活性剤
4	ラウラミドプロピルベタイン	両性界面活性剤
5	コカミドプロピルベタイン	両性界面活性剤
6	カプリン酸グリセリル	非イオン界面活性剤
7	PEG-14M	保湿剤
8	クエン酸	pH調整
9	フェノキシエタノール	防腐
10	香料	香料

左表では上位に界面活性剤があり、油性成分が含まれていませんから、**界面活性剤型**と考えられます。

界面活性剤型の洗顔料では、特にアニオン界面活性剤がよく使われます。アニオン界面活性剤の多くは、水に対して非常によく溶けるので、汚れを包み込んだ後、水でサッと洗い流しやすくなるのです。

【洗顔フォームの全成分表示例2】

	成分表示	成分の分類
1	水	水性成分
2	グリセリン	保湿剤
3	パルミチン酸	高級脂肪酸
4	ステアリン酸	高級脂肪酸
5	ミリスチン酸	高級脂肪酸
6	水酸化K	pH調整
7	DPG	保湿剤
8	PEG-32	保湿剤
9	PEG-6	保湿剤
10	ジステアリン酸グリコール	エステル油
11	エタノール	水性成分
12	メチルパラベン	防腐
13	EDTA-2Na	キレート
14	香料	香料

左表を見てみると、上位を油性成分が占めているので**溶剤型**……と考えたいところですが、実は**界面活性剤型**です。

その理由は、上位を占める油性成分が高級脂肪酸で、138ページ「タイプ1　**溶剤型**」の解説でふれた、**「油性成分が高級脂肪酸の場合」**に当てはまるからです。

油性成分が高級脂肪酸の場合、全成分表示に石ケン（＝界面活性剤）が隠れていることがあります。

この読み解き方を理解するために、私たちが普段石ケンと読んでいるものがどのようにつくられるのかを、必ず60ページで確認しましょう。

【洗顔フォームの全成分表示例2】には、パルミチン酸、ステアリン酸、ミリスチン酸といった高級脂肪酸と、アルカリ性の水酸化Kが出てきています。つまり、これらの成分が中和反応して、石ケン（＝界面活性剤）ができ上がっているというわけです。

この読み解き方ができると、全成分表の上位に、本当は界面活性剤があることに気づくため、この洗顔フォームは**界面活性剤型**だということがわかります。

そして、【洗顔フォームの全成分表示例2】と、次の【洗顔フォームの全成分表示例3】は、実は同じだということにも気がつくはずです。

【洗顔フォームの全成分表示例2】

	成分表示	成分の分類
1	水	水性成分
2	グリセリン	保湿剤
3	パルミチン酸	高級脂肪酸
4	ステアリン酸	高級脂肪酸
5	ミリスチン酸	高級脂肪酸
6	水酸化K	pH調整
7	DPG	保湿剤
8	PEG-32	保湿剤
9	PEG-6	保湿剤
10	ジステアリン酸グリコール	エステル油
11	エタノール	水性成分
12	メチルパラベン	防腐
13	EDTA-2Na	キレート
14	香料	香料

【洗顔フォームの全成分表示例3】

	成分表示	成分の分類
1	水	水性成分
2	グリセリン	保湿剤
3	パルミチン酸K	アニオン界面活性剤
4	ステアリン酸K	アニオン界面活性剤
5	ミリスチン酸K	アニオン界面活性剤
6	DPG	保湿剤
7	PEG-32	保湿剤
8	PEG-6	保湿剤
9	ジステアリン酸グリコール	エステル油
10	エタノール	水性成分
11	メチルパラベン	防腐
12	EDTA-2Na	キレート
13	香料	香料

「パルミチン酸K」は、パルミチン酸と水酸化Kが中和反応してできたもの、「ステアリン酸K」は、ステアリン酸と水酸化Kが中和反応してできたもの、「ミリスチン酸K」は、ミリスチン酸と水酸化Kが中和反応してできたものです。

パルミチン酸K、ステアリン酸K、ミリスチン酸Kのように、高級脂肪酸と水酸化Kを反応させて作った石ケン成分は、次の【洗顔フォームの全成分表示例4】のように、まとめて「カリ石ケン素地」と書くこともできます。

【洗顔フォームの全成分表示例2】

	成分表示	成分の分類
1	水	水性成分
2	グリセリン	保湿剤
3	パルミチン酸	高級脂肪酸
4	ステアリン酸	高級脂肪酸
5	ミリスチン酸	高級脂肪酸
6	水酸化K	pH調整
7	DPG	保湿剤
8	PEG-32	保湿剤
9	PEG-6	保湿剤
10	ジステアリン酸グリコール	エステル油
11	エタノール	水性成分
12	メチルパラベン	防腐
13	EDTA-2Na	キレート
14	香料	香料

【洗顔フォームの全成分表示例3】

	成分表示	成分の分類
1	水	水性成分
2	グリセリン	保湿剤
3	パルミチン酸K	アニオン界面活性剤
4	ステアリン酸K	アニオン界面活性剤
5	ミリスチン酸K	アニオン界面活性剤
6	DPG	保湿剤
7	PEG-32	保湿剤
8	PEG-6	保湿剤
9	ジステアリン酸グリコール	エステル油
10	エタノール	水性成分
11	メチルパラベン	防腐
12	EDTA-2Na	キレート
13	香料	香料

【洗顔フォームの全成分表示例4】

	成分表示	成分の分類
1	水	水性成分
2	グリセリン	保湿剤
3	カリ石ケン素地	アニオン界面活性剤
4	DPG	保湿剤
5	PEG-32	保湿剤
6	PEG-6	保湿剤
7	ジステアリン酸グリコール	エステル油
8	エタノール	水性成分
9	メチルパラベン	防腐
10	EDTA-2Na	キレート
11	香料	香料

CiLA 読み解くコツ

水酸化Naや水酸化Kは劇物？

水酸化Na（水酸化ナトリウム、苛性ソーダ）や水酸化K（水酸化カリウム、苛性カリ）は水に溶けると非常に強いアルカリ性を示します。

皮膚につくと大変危険なため、毒物及劇物取締法により劇物に指定されています（ただし5%以下に薄まっているものは対象外）。

ところが化粧品の全成分表を見ると、水酸化Naや水酸化Kが頻繁に出てきます。そんなに危険な成分が、なぜ化粧品に配合されているのでしょう？

水酸化Naや水酸化Kなどの強アルカリ性の物質は、さまざまな物質と化学反応を起こして変化します。中学校や高校で、水酸化Naと塩酸を反応させて食塩水をつくる実験をした方もいると思いますが、これはアルカリ性の水酸化Naと酸性の塩酸を混ぜると、反応して中性の食塩水に変化する、という中和反応の実験でした。

化粧品でも水酸化Naや水酸化Kは、ほかの成分と反応させて、別の成分をつくり出すために配合されます。反応して別の物質に変化していますから、実際の製品の中に危険な濃度の水酸化Naや水酸化Kが残っていることはありません。

【中和反応に使われる例】

- 高級脂肪酸に強アルカリ性の物質（水酸化Na、水酸化Kなど）を反応させると、石ケンと水の混合物に変化します（60, 144ページ参照）。
- カルボマーや（アクリレーツ／アクリル酸アルキル（C10-30））クロスポリマーなど、アクリル酸系増粘剤に強アルカリ性の物質（水酸化Na、水酸化Kなど）を反応させると、増粘した状態に変化します（141ページ、150ページ参照）。

【ケン化反応に使われる例】

- 油脂に強アルカリ性の物質（水酸化Na、水酸化Kなど）を反応させると、石ケンとグリセリンの混合物に変化します（60, 146ページ参照）。

このコツをおさえたら
141ページの
【クレンジングジェルの全成分表示例】を
もう1度見てください！

次に、固形石ケンの全成分表示を見てみましょう。

【固形石ケンの全成分表示例1】

	成分表示	成分の分類
1	パーム油	油脂
2	水	水性成分
3	パーム核油	油脂
4	グリセリン	保湿剤
5	スクロース	保湿剤
6	ヤシ油	油脂
7	オリーブ果実油	油脂
8	水酸化Na	pH調整
9	エチドロン酸	キレート
10	BG	保湿剤
11	ラベンダー油	香料
12	ベルガモット果実油	香料

【固形石ケンの全成分表示例2】

	成分表示	成分の分類
1	石ケン素地	アニオン 界面活性剤
2	水	水性成分
3	グリセリン	保湿剤
4	スクロース	保湿剤
5	エチドロン酸	キレート
6	BG	保湿剤
7	香料	香料

実は【固形石ケンの全成分表示例1】と【固形石ケンの全成分表示例2】も、同じものと読み解けます。【固形石ケンの全成分表示例2】の石ケン素地は、ここではパーム油、パーム核油、ヤシ油、オリーブ果実油といった油脂と、水酸化Naがケン化反応してできたものを指しています。【固形石ケンの全成分表示例1】にあるラベンダー油やベルガモット果実油は油性成分じゃないの？　と思われるかもしれません。確かに、成分名に「油」の字が入っているので油性成分なのですが、ここでは香料として配合されている成分にあたります。一般に精油とかエッセンシャルオイルと呼ばれるこれらの油性成分は、ごく微量配合するだけで化粧品によい香りをつけることができます。そのため、ここでも配合量はごくわずかであると考えられます。

というわけで、この二つの固形石ケンは、どちらも全成分表の上位に界面活性剤があり、油性成分が含まれていたとしても香料としてごく微量しか配合されていないため、**界面活性剤型**と考えられます。

全成分表示から石ケンの形状が見分けられます

石ケン素地（高級脂肪酸のナトリウム塩）は比較的水に溶けにくいので固形石鹸の主成分として使われます。一方、カリ石ケン素地（高級脂肪酸のカリウム塩）は比較的水に溶けやすいので洗顔フォームや液体石鹸の主成分として使われます。このように主として使われている石鹸の種類によって固形石鹸か液状石鹸かの見分けがつきます。なお固形石鹸にカリ石ケン素地を配合しすぎると保管時に勝手に水に溶け出してしまう問題が起き、洗顔フォームに石ケン素地を配合すると冬季に溶けきらなくなった石ケンが析出して固化する問題が起きます。

CiLA 読み解くコツ

中和等の反応を前提とした化粧品の場合、反応前の配合成分の名称で表示しても、反応後の最終反応生成物の名称で表示しても、どちらでも構いません

日本化粧品工業連合会において、中和等の反応を前提とした化粧品の場合、反応前の配合成分の名称で表示しても、反応後の最終反応生成物の名称で表示しても、どちらでもよいとされています。

● 中和法の反応を前提とした化粧品の場合の全成分表示パターン

高級脂肪酸（パルミチン酸・ステアリン酸・ミリスチン酸）＋ 水酸化K ＋ 水 → 石ケン
を例に、3種類おさえておきましょう。

①反応前の成分、高級脂肪酸とアルカリ成分に分けて表示するパターン
（142ページ【洗顔フォームの全成分表示例2】参照）
パルミチン酸・ステアリン酸・ミリスチン酸・水酸化K
②反応後の成分名で表示するパターン
（143ページ【洗顔フォームの全成分表示例3】参照）
パルミチン酸K・ステアリン酸K・ミリスチン酸K
③反応後の成分名を全部ひとまとめにして表示するパターン
（144ページ【洗顔フォームの全成分表示例4】参照）
カリ石ケン素地

● ケン化法の反応を前提とした化粧品の場合の全成分表示パターン

油脂（パーム油・パーム核油・ヤシ油・オリーブ果実油）＋ 水酸化Na ＋ グリセリン → 石ケン
を例に、2種類おさえておきましょう。

①反応前の成分、油脂とアルカリ成分に分けて表示するパターン
（146ページ【固形石ケンの全成分表示例1】参照）
パーム油・パーム核油・ヤシ油・オリーブ果実油・水酸化Na
②反応後の成分名を全部ひとまとめにして表示するパターン
（146ページ【固形石ケンの全成分表示例2】参照）
石ケン素地

化粧水

化粧水は肌にうるおいを与え、そのうるおいを保つための製品です。

うるおいを与えるためには水が必要ですが、単に水を与えるだけでは、あっという間に蒸発してしまうので、できるだけ長い時間肌の上に残るよう、保湿剤（20ページ参照）が配合されます。

また、さまざまな機能を持つエタノールもよく使われ、化粧水は主に　①水、②保湿剤、③エタノール　で構成されている、つまり水性成分でできているといえます（ただしエタノールが肌に合わない人もいるので、エタノールを含まない「アルコールフリー」という化粧水もあります）。

【化粧水の全成分表示例】

	成分表示	成分の分類
1	水	水性成分
2	グリセリン	保湿剤
3	エタノール	水性成分
4	DPG	保湿剤
5	BG	保湿剤
6	PEG-20	保湿剤
7	ベタイン	保湿剤
8	PCA-Na	保湿剤
9	ヒアルロン酸Na	保湿剤
10	加水分解ヒアルロン酸	保湿剤
11	水溶性コラーゲン	保湿剤
12	サクシニルアテロコラーゲン	保湿剤
13	メチルグルセス-10	保湿剤
14	グリチルリチン酸2K	抗炎症
15	クエン酸	pH調整
16	クエン酸Na	pH調整
17	フェノキシエタノール	防腐
18	メチルパラベン	防腐
19	PEG-60水添ヒマシ油	非イオン界面活性剤
20	香料	香料

ところで、化粧水には、左の成分表のように、水と油を結びつける界面活性剤が配合されているものが、たまにあります。

これは、使用感をよくする目的で、微量の香料や油性成分を化粧水に透明に混ぜ込むためだったり、肌表面の皮脂（油）と化粧水のなじみをよくする（ブースター効果）ためだったりといった理由があります。

このようなときに使う界面活性剤は、種類や配合量の調整が難しく、例えば量が多すぎると、泡立つ化粧水になってしまいます。

乳液・クリーム

乳液・クリームは、うるおいを与えるための水性成分と、与えたうるおいを肌の上に保持するための保湿剤、肌に柔軟性を与えたり、肌を保護するための油性成分を、適切な割合で混ぜた商品です。

水性成分と油性成分はそのままでは混ざり合わないので、両者の間を取り持つ界面活性剤を配合し、水分と油分が共存する乳液・クリームができ上がります。

そのため、乳液・クリームの中身は水性成分、油性成分、界面活性剤の三つが基本になります。

【クリームの全成分表示例】

	成分表示	成分の分類
1	水	水性成分
2	グリセリン	保湿剤
3	BG	保湿剤
4	DPG	保湿剤
5	ミネラルオイル	炭化水素
6	トリエチルヘキサノイン	エステル油
7	ホホバ種子油	ロウ
8	ステアリルアルコール	高級アルコール
9	ステアリン酸グリセリル	非イオン界面活性剤
10	ステアリン酸PEG-100	非イオン界面活性剤

近年、さっぱりした感触やみずみずしい感触が好まれる傾向にあるため、乳液・クリームの多くが、水性成分の中に油性成分の粒が分散している「水中油型（O/W型）」（57ページ参照）です。

水性成分と油性成分が界面活性剤の力を使って共存しているとはいえ、それほど安定しているわけではないので、増粘剤で、とろみを加えて安定性を高めるのが一般的です。

クリームの場合は、高級アルコールのような固形の油性成分を少量配合することで、柔らかいクリーム状になりますが、油性成分の少ない乳液では、増粘剤の力を借りてとろみをつけます。

以前は、「油分が少なめ＝乳液」「油分が多め＝クリーム」という分け方が一般的でした。しかし最近は、とろみを与える増粘剤としての機能だけではなく、水と油が混ざった状態を安定化させる界面活性剤的な機能も持ち合わせた、「高分子乳化剤」という成分が開発されました。これを使用することで、従来の乳液並みに油分が少なくても、クリーム状の製品が設計できるようになったのです。

その多くは「ジェルクリーム」と呼ばれます。

では、ジェルクリームの全成分表示例を確認してみましょう。

【ジェルクリームの全成分表示例1】

	成分表示	成分の分類
1	水	水性成分
2	グリセリン	保湿剤
3	BG	保湿剤
4	エタノール	水性成分
5	ジメチコン	シリコーン
6	シクロペンタシロキサン	シリコーン
7	スクワラン	炭化水素
8	トリエチルヘキサノイン	エステル油
9	カルボマー	増粘
10	ポリアクリルアミド	増粘
11	(アクリレーツ／アクリル酸アルキル（C10-30))クロスポリマー	増粘
12	水酸化K	pH調整
13	EDTA-2Na	キレート
14	メチルパラベン	防腐
15	エチルパラベン	防腐
16	フェノキシエタノール	防腐

増粘剤として、

【ジェルクリームの全成分表示例1】には、

①（アクリレーツ／アクリル酸アルキル（C10-30)）クロスポリマー

※旧称（アクリル酸／アクリル酸アルキル（C10-30)）コポリマー

【ジェルクリームの全成分表示例2】には、

②（アクリル酸Na／アクリロイルジメチルタウリンNa）コポリマー

といった代表的な高分子乳化剤が出てきます（いずれも成分表示名称が長いため、以降①、②とします）。

①は酸性で、アルカリと中和反応させてpHを中性にした際に、最大の効果を発揮します。そのため全成分表示では、水酸化Naや水酸化Kなどの、アルカリ性成分と一緒に登場します。144～145ページの「CILA読み解くコツ」でふれた、「中和反応に使われる例」です。

そして、【ジェルクリームの全成分表示例1】は、147ページの「CILA読み解くコツ」でいうところの、**反応前の配合成分の名称**で表示されたパターンです。

反応後の最終反応生成物の名称で表示されるパターンの場合、①が水酸化Kと中和反応済みであることを示す成分名「（アクリレーツ／アクリル酸アルキル（C10-30)）クロスポリマーK」で、全成分表示に登場します。

【ジェルクリームの全成分表示例2】

	成分表示	成分の分類
1	水	水性成分
2	グリセリン	保湿剤
3	BG	保湿剤
4	トリエチルヘキサノイン	エステル油
5	水添ポリイソブテン	炭化水素
6	シクロメチコン	シリコーン
7	ジメチコン	シリコーン
8	エタノール	水性成分
9	(アクリル酸Na/アクリロイルジメチルタウリンNa)コポリマー	増粘
10	(アクリレーツ/アクリル酸アルキル(C10-30))クロスポリマー	増粘
11	ポリソルベート80	非イオン界面活性剤
12	エチルパラベン	防腐
13	サリチル酸	ピーリング
14	フェノキシエタノール	防腐
15	メチルパラベン	防腐
16	EDTA-2Na	キレート
17	水酸化Na	pH調整
18	クエン酸	pH調整
19	香料	香料

【ジェルクリームの全成分表示例2】には、①と②が出てきます。

①が最大の効果を発揮するために一緒に登場しているアルカリ性の成分は、【ジェルクリームの全成分表示例1】では水酸化Kでしたが、左表では、水酸化Naです。

②は、簡単に乳液やクリームがつくれる原料として、あらかじめ油性成分(「トリエチルヘキサノイン」「イソヘキサデカン」など)と少量の界面活性剤(「ポリソルベート80」など)を混合してセットにした**混合原料**★が市販されているため、これらの混合されている成分と一緒に全成分表示に出てくることがよくあります。

【ジェルクリームの全成分表示例2】では、油性成分のトリエチルヘキサノイン、界面活性剤のポリソルベート80、②の混合原料が使われたようです。

日焼け止め

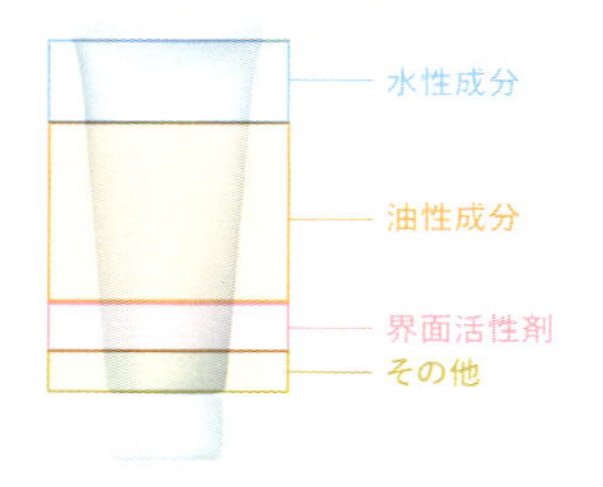

皮膚に当たる紫外線量を減らすことによって、日焼けや炎症、光老化など紫外線による肌への影響を防ぐ製品です。

紫外線をブロックする働きがある成分（紫外線吸収剤や紫外線散乱剤）はそのままでは塗りにくいので、ほとんどの場合、乳液やクリームに配合されたものが製品化されています。

【日焼け止めの全成分表示例】

	成分表示	成分の分類
1	シクロペンタシロキサン	シリコーン
2	水	水性成分
3	ジメチコン	シリコーン
4	エタノール	水性成分
5	酸化亜鉛	紫外線散乱剤
6	メトキシケイヒ酸エチルヘキシル	紫外線吸収剤
7	ポリメタクリル酸メチル	色材
8	ミリスチン酸イソプロピル	エステル油
9	PEG-10ジメチコン	非イオン界面活性剤
10	酸化チタン	紫外線散乱剤
11	ジエチルアミノヒドロキシベンゾイル安息香酸ヘキシル	紫外線吸収剤
12	BG	保湿剤
13	ジステアルジモニウムヘクトライト	増粘
14	BHT	酸化防止
15	トコフェロール	酸化防止
16	香料	香料
17	フェノキシエタノール	防腐

乳液やクリームには、油性成分に水性成分が分散している油中水型（W/O型）と、水性成分に油性成分が分散している水中油型（O/W型）があります（57ページ参照）。

レジャーシーンで使用する日焼け止めは汗をかいたり、水がかかる状況で使われることが多いため、**撥水**★性、耐水性に優れた、油中水型の乳液やクリームをベースにした商品がほとんどです。

なお、油中水型の乳化物は、油性成分特有の重い感触や、テカりやすいという特徴があります。そのため、それを抑えるために、高い撥水性がありながらサラッとマットな仕上がりになる、ジメチコンやシクロペンタシロキサンなどのシリコーン系の油性成分が多用されます。

ちょっとした散歩や買い物など、短時間の外出ではそれほどの耐水性は不要なので、近年は水中油型（O/W型）乳化物に紫外線をブロックする成分を配合した日焼け止めも出ています。

撥水★性や耐水性は弱いのですが、みずみずしいさっぱりとした感触で、しかもクレンジング不要、洗顔料だけで落とせるので、日常使いに向いています。

肌を紫外線から守るために配合する紫外線吸収剤は、化粧品基準の別表4（175ページ「ポジティブリスト」参照）に掲載の成分に限定されており、リストに掲載されていない紫外線吸収剤を使うことは、禁止されています。

日焼け止め製品に書かれているSPF、PAって？

・**SPF** ／ Sun Protection Factorの略

主にUV-B波によるサンバーン（赤くなる日焼け）の防御効果を数値で表したものです。

「SPF10」は、日焼け止めをつけてないときに比べて、日焼けが始まるまでの時間を10倍遅らせることができます。

数値が大きくなるほど効果が高くなりますが、SPFが50より高い場合は「SPF50+」と表示されます。

例えば、何も塗っていないと20分で日焼け（による炎症）が起こるような日差しのときに、SPF15の製品を塗ると

20分　×　15　＝　300分　＝　5時間

という計算で、5時間後まで日焼けが起きる時間を遅らせることができる、ということになります。

※肌の状態や塗り方などで、個人差があります

海や山に出かけるときには、何度も塗り直さなくていいように、SPF値の高いものを選びましょう。

・**PA** ／ Protection Grade of UV-Aの略

短時間で皮膚を黒化させ、シワやたるみの原因となる波長の長いUV-A波の防御効果を表したものです。

UV-A波は「生活紫外線」とも呼ばれ、曇りの日や室内でも影響を及ぼします。

4段階で表示され「+」の数が多いほど効果が高くなります。

PAを表示する場合は、SPFと併記しなければならないと定められています。

シャンプー

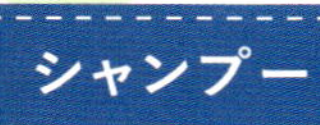

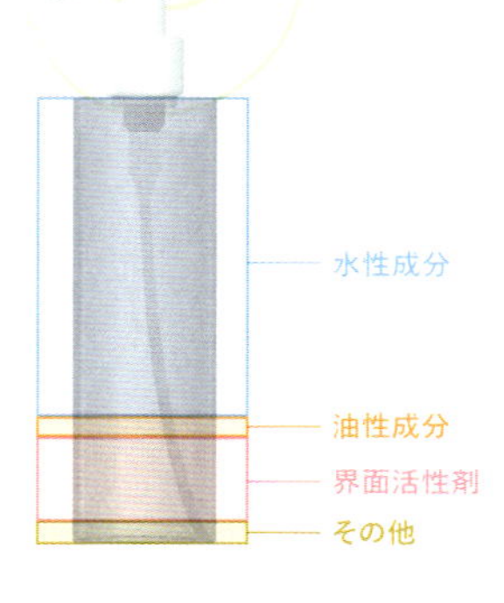

シャンプーは、頭髪や頭皮の汚れを落とし、頭皮環境を清潔に保つ製品です。

紫外線やカラー、パーマなどによるダメージが蓄積していく頭髪を洗うため、汚れはしっかり落としつつ、必要な皮脂はとりすぎない適度な洗浄力があることと、洗髪中、毛髪同士の摩擦で傷つけないよう、すべりをよくすることが必要となります。

そこで、ポイントとなるのが界面活性剤です。

【シャンプーの全成分表示例】

	成分表示	成分の分類
1	水	水性成分
2	ラウレス硫酸Na	アニオン 界面活性剤
3	ココイルメチルタウリンNa	アニオン 界面活性剤
4	コカミド プロピルベタイン	両性界面活性剤
5	ココアンホ酢酸Na	両性界面活性剤
6	コカミドDEA	非イオン 界面活性剤
7	ジステアリン酸 グリコール	エステル油
8	DPG	保湿剤
9	オレフィン（C14-16） スルホン酸Na	アニオン 界面活性剤
10	ツバキ種子油	油脂
11	ポリクオタニウム-7	保湿剤
12	ポリクオタニウム-10	保湿剤
13	グアーヒドロキシプロ ピルトリモニウムクロリド	保湿剤
14	香料	香料
15	クエン酸	pH調整
16	EDTA-2Na	防腐
17	メチルパラベン	防腐
18	安息香酸Na	防腐

シャンプーは、水性成分が約70%、界面活性剤が約20%で構成され、3種の界面活性剤（アニオン、両性、非イオン）を組合せることで、目的に合った仕上がりが生まれます。

一般的には、洗浄の核となるアニオン界面活性剤が一番多く配合され、泡質や洗浄力を調整するために両性界面活性剤、非イオン界面活性剤が使用されます。

左表では、洗浄やすすぎ時のすべりをよくするため、「ポリクオタニウム-10」などの水性成分（保湿剤）が配合されています。

そのほか、高級感を高めるために白いパール感を出す「ジステアリン酸グリコール」や、しっとり感を出す「ツバキ種子油」などの油性成分も配合されています。

頭髪は、ヘアカラーやパーマ、ドライヤーなどで大きなダメージを受けやすいもの。健康的な髪を保つには、ダメージの状態に適したシャンプーを選ぶことが大切です。

リンス・コンディショナー・トリートメント

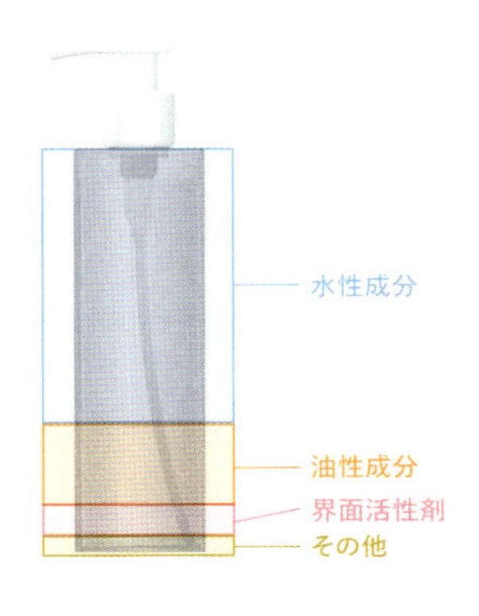

【コンディショナーの全成分表示例】

	成分表示	成分の分類
1	水	水性成分
2	ステアリルアルコール	高級アルコール
3	セテアリルアルコール	高級アルコール
4	ステアルトリモニウムクロリド	カチオン界面活性剤
5	ベヘントリモニウムクロリド	カチオン界面活性剤
6	ジメチコン	シリコーン
7	ツバキ種子油	油脂
8	アモジメチコン	シリコーン
9	加水分解ケラチン	保湿剤
10	グリセリン	保湿剤
11	BG	保湿剤
12	エタノール	水性成分
13	イソプロパノール	水性成分
14	香料	香料
15	フェノキシエタノール	防腐
16	メチルパラベン	防腐
17	乳酸	pH調整

リンスは、洗髪後の髪の指通りやくし通りをよくし、静電気を防いでまとまりやすく、かつツヤを与えるのが基本の働きです。

主に髪表面の状態を整えるものをリンス、リンスの機能に加えて髪全体の状態を整えるものをコンディショナー、ダメージを補修するものをトリートメントと分類します。（時代とともにさまざまな形状や使い方が生まれ、製品によって定義が異なる場合もあります。）

どれも、基本的に界面活性剤、油性成分、水性成分で構成されます。

大きな特徴として、リンス、コンディショナーに使われる主な界面活性剤は、カチオン界面活性剤です。濡れた毛髪が「－」になっているところに「＋」のカチオン界面活性剤が吸着し、毛髪表面をコーティングすることで、リンス機能を発揮します。

油性成分は粘性を持たせて使いやすくするために、高級アルコールが使用されます。

髪の**撥水★**性、弾力性、皮膜性などを向上させるシリコーンもよく使用されます。

保湿・補修目的で、髪と同じタンパク質を分解した「加水分解タンパク質」（「加水分解ケラチン」「加水分解コラーゲン」「加水分解シルク」など）が配合されることも多いです。

化粧品成分検定練習ドリル 1

ここから先は、最後の仕上げです。
勉強してきたことを確認するために、
練習問題にチャレンジしてみましょう。
どのくらい化粧品の全成分表示が読み解けるようになったか
楽しみですね。

※この練習ドリルは、本書の理解度を確認するためのものです。
検定における特定の級を対象にした内容ではありません

クレンジング料・溶剤型

●（　　　）に当てはまる成分の分類を書きましょう（解答は139ページ）

● 空欄に当てはまるものを選択肢から選びましょう（解答は139ページ）

【クレンジングミルク・クレンジングクリームの全成分表示例】

	成分表示	成分の分類
1	水	水性成分
2		炭化水素
3		エステル油
4		保湿剤
5	ステアリン酸PEG-5グリセリル	非イオン界面活性剤
6	ステアリン酸グリセリル	非イオン界面活性剤
7	ステアリン酸ソルビタン	非イオン界面活性剤
8	ポリソルベート60	非イオン界面活性剤
9		増粘
10		高級脂肪酸
11		高級アルコール
12	ステアリルアルコール	高級アルコール
13	水酸化K	pH調整
14		酸化防止
15		防腐
16	香料	香料

選択肢

ミネラルオイル
DPG
トコフェロール
メチルパラベン
セタノール
ステアリン酸
カルボマー
エチルヘキサン酸セチル

● 空欄に当てはまるものを選択肢から選びましょう（解答は140ページ）

【クレンジングオイルの全成分表示例】

	成分表示	成分の分類
1	ミネラルオイル	
2	イソステアリン酸PEG-8グリセリル	非イオン界面活性剤
3	エチルヘキサン酸セチル	
4	トリエチルヘキサノイン	エステル油
5	水	水性成分
6	イソステアリン酸	
7	グリセリン	
8	フェノキシエタノール	
9	トコフェロール	
10	エタノール	水性成分
11	香料	香料

選択肢

高級脂肪酸
炭化水素
酸化防止
保湿剤
防腐
エステル油

クレンジング料・界面活性剤型

● (　　　) に当てはまる成分の分類を書きましょう（解答は141ページ）

（解答は141ページ）

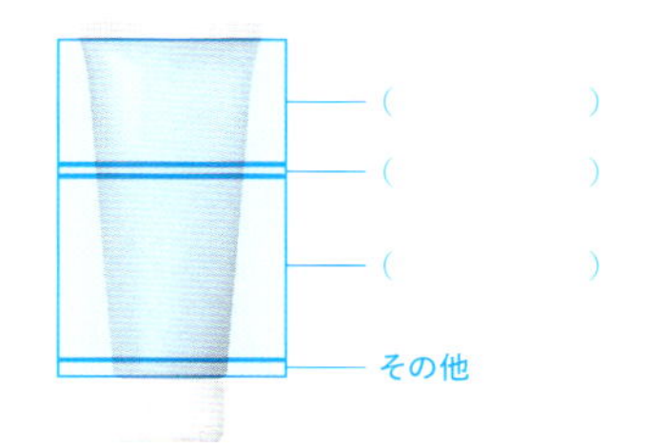

● 空欄に当てはまるものを選択肢から選びましょう（解答は141ページ）

【クレンジングジェルの全成分表示例】

	成分表示	成分の分類
1	水	水性成分
2		保湿剤
3	ヤシ油脂肪酸PEG-7グリセリル	非イオン界面活性剤
4	イソステアリン酸PEG-20グリセリル	非イオン界面活性剤
5	BG	保湿剤
6		増粘
7	(アクリレーツ／アクリル酸アルキル（C10-30)）クロスポリマー	増粘
8	水酸化K	pH調整（中和剤）
9		防腐

選択肢

フェノキシエタノール
カルボマー
DPG

洗顔料

● (　　　) に当てはまる成分の分類を書きましょう（解答は142ページ）

● 空欄に当てはまるものを選択肢から選びましょう（解答は142ページ）

【洗顔フォームの全成分表示例1】

	成分表示	成分の分類
1	水	水性成分
2	グリセリン	
3	ココイルグリシンNa	
4	ラウラミドプロピルベタイン	両性界面活性剤
5	コカミドプロピルベタイン	
6	カプリン酸グリセリル	非イオン界面活性剤
7	PEG-14M	保湿剤
8	クエン酸	
9	フェノキシエタノール	
10	香料	香料

選択肢

アニオン界面活性剤
両性界面活性剤
pH調整
防腐
保湿剤

● 空欄に当てはまるものを選択肢から選びましょう。
同じものを複数回選んでもいいです（解答は142ページ）

【洗顔フォームの全成分表示例2】

	成分表示	成分の分類
1	水	水性成分
2	グリセリン	
3	パルミチン酸	
4		高級脂肪酸
5	ミリスチン酸	
6	水酸化K	pH調整
7	DPG	保湿剤
8	PEG-32	保湿剤
9	PEG-6	保湿剤
10	ジステアリン酸グリコール	エステル油
11		水性成分
12	メチルパラベン	
13	EDTA-2Na	
14	香料	香料

選択肢

高級脂肪酸
エタノール
キレート
防腐
保湿剤
ステアリン酸

● 空欄に当てはまるものを選択肢から選びましょう。
選択肢の中には、解答とは無関係のものも含まれています。
同じものを複数回選んでもいいです（解答は143ページ）

【洗顔フォームの全成分表示例3】

	成分表示	成分の分類
1	水	水性成分
2	グリセリン	
3		アニオン界面活性剤
4	ステアリン酸K	
5	ミリスチン酸K	
6	DPG	
7	PEG-32	保湿剤
8	PEG-6	保湿剤
9	ジステアリン酸グリコール	エステル油
10	エタノール	水性成分
11	メチルパラベン	防腐
12		キレート
13	香料	香料

選択肢

EDTA-2Na
パルミチン酸K
保湿剤
コカミドプロピルベタイン
アニオン界面活性剤
高級脂肪酸

● 空欄に当てはまるものを選択肢から選びましょう。
選択肢の中には、解答とは無関係のものも含まれています。
同じものを複数回選んでもいいです（解答は144ページ）

【洗顔フォームの全成分表示例4】

	成分表示	成分の分類
1	水	水性成分
2	グリセリン	保湿剤
3	カリ石ケン素地	
4	DPG	保湿剤
5	PEG-32	保湿剤
6	PEG-6	保湿剤
7	ジステアリン酸グリコール	エステル油
8		水性成分
9	メチルパラベン	
10	EDTA-2Na	キレート
11	香料	香料

選択肢

保湿剤
アニオン界面活性剤
非イオン界面活性剤
高級脂肪酸
エタノール
防腐

● 空欄に当てはまるものを選択肢から選びましょう。
選択肢の中には、解答とは無関係のものも含まれています。
同じものを複数回選んでもいいです（解答は146ページ）

【固形石ケンの全成分表示例1】

	成分表示	成分の分類
1	パーム油	油脂
2	水	水性成分
3	パーム核油	油脂
4	グリセリン	保湿剤
5	スクロース	保湿剤
6		油脂
7	オリーブ果実油	
8	水酸化Na	pH調整
9		キレート
10	BG	
11		香料
12	ベルガモット果実油	香料

選択肢

石ケン素地
エチドロン酸
油脂
保湿剤
ヤシ油
ラベンダー油
高級脂肪酸

● 空欄に当てはまるものを選択肢から選びましょう。
選択肢の中には、解答とは無関係のものも含まれています。
同じものを複数回選んでもいいです（解答は146ページ）

【固形石ケンの全成分表示例2】

	成分表示	成分の分類
1		アニオン界面活性剤
2	水	水性成分
3	グリセリン	
4	スクロース	保湿剤
5	エチドロン酸	
6	BG	
7	香料	香料

選択肢

防腐
カリ石ケン素地
石ケン素地
キレート
油脂
保湿剤
両性界面活性剤

化粧水

● （　　　）に当てはまる成分の分類を書きましょう（解答は148ページ）

● 空欄に当てはまるものを選択肢から選びましょう。
選択肢の中には、解答とは無関係のものも含まれています。
同じものを複数回選んでもいいです。（解答は148ページ）

【化粧水の全成分表示例】

	成分表示	成分の分類
1	水	水性成分
2	グリセリン	
3	エタノール	水性成分
4	DPG	
5	BG	
6	PEG-20	保湿剤
7	ベタイン	保湿剤
8	PCA-Na	
9		保湿剤
10	加水分解ヒアルロン酸	
11	水溶性コラーゲン	
12	サクシニルアテロコラーゲン	保湿剤
13	メチルグルセス-10	保湿剤
14	グリチルリチン酸2K	
15	クエン酸	
16	クエン酸Na	pH調整
17	フェノキシエタノール	
18		防腐
19	PEG-60水添ヒマシ油	
20	香料	香料

選択肢

抗炎症
pH調整
クエン酸
PCA-Na
メチルパラベン
保湿剤
防腐
キレート
非イオン界面活性剤
アニオン界面活性剤
ヒアルロン酸Na
ピーリング

乳液・クリーム

● (　　　) に当てはまる成分の分類を書きましょう (解答は149ページ)

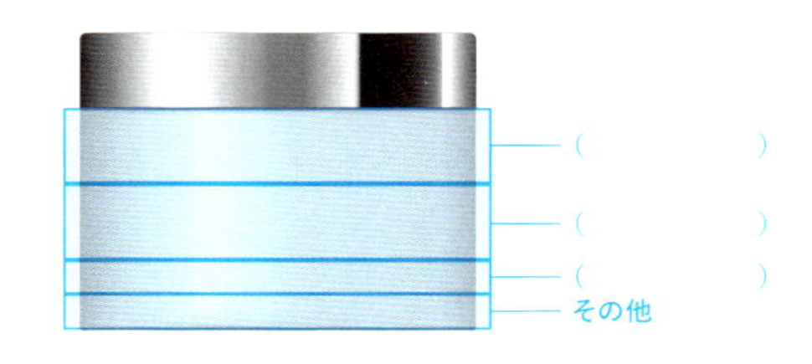

● 空欄に当てはまるものを選択肢から選びましょう。
選択肢の中には、解答とは無関係のものも含まれています。
同じものを複数回選んでもいいです。(解答は149ページ)

【クリームの全成分表示例】

	成分表示	成分の分類
1	水	水性成分
2	グリセリン	
3		保湿剤
4	DPG	
5	ミネラルオイル	
6	トリエチルヘキサノイン	
7	ホホバ種子油	
8	ステアリルアルコール	
9	ステアリン酸グリセリル	非イオン界面活性剤
10	ステアリン酸PEG-100	

選択肢

- BG
- ロウ
- 炭化水素
- 高級脂肪酸
- エステル油
- 高級アルコール
- 非イオン界面活性剤
- 両性界面活性剤
- 保湿剤

● 空欄に当てはまるものを選択肢から選びましょう。
選択肢の中には、解答とは無関係のものも含まれています。
同じものを複数回選んでもいいです。(解答は150ページ)

【ジェルクリームの全成分表示例1】

	成分表示	成分の分類
1	水	水性成分
2	グリセリン	
3	BG	
4	エタノール	水性成分
5	ジメチコン	
6	シクロペンタシロキサン	
7	スクワラン	
8	トリエチルヘキサノイン	
9		増粘
10	ポリアクリルアミド	増粘
11	(アクリレーツ/アクリル酸アルキル(C10-30))クロスポリマー	増粘
12	水酸化K	pH調整
13	EDTA-2Na	
14	メチルパラベン	防腐
15	エチルパラベン	防腐
16	フェノキシエタノール	

選択肢

エステル油
炭化水素
保湿剤
増粘
ロウ
シリコーン
キレート
防腐
酸化防止
カルボマー

● 空欄に当てはまるものを選択肢から選びましょう。
選択肢の中には、解答とは無関係のものも含まれています。
同じものを複数回選んでもいいです。（解答は151ページ）

【ジェルクリームの全成分表示例2】

	成分表示	成分の分類
1	水	水性成分
2	グリセリン	保湿剤
3	BG	
4	トリエチルヘキサノイン	
5	水添ポリイソブテン	炭化水素
6	シクロメチコン	シリコーン
7	ジメチコン	
8	エタノール	水性成分
9	（アクリル酸Na／アクリロイルジメチルタウリンNa）コポリマー	増粘
10	（アクリル酸／アクリル酸アルキル（C10-30））コポリマー	
11	ポリソルベート80	非イオン界面活性剤
12	エチルパラベン	防腐
13	サリチル酸	
14	フェノキシエタノール	
15	メチルパラベン	防腐
16	EDTA-2Na	キレート
17	水酸化Na	pH調整
18	クエン酸	pH調整
19	香料	香料

選択肢

シリコーン
炭化水素
エステル油
保湿剤
増粘
ロウ
キレート
防腐
酸化防止
高級脂肪酸
ピーリング

日焼け止め

● （　　　）に当てはまる成分の分類を書きましょう（解答は152ページ）

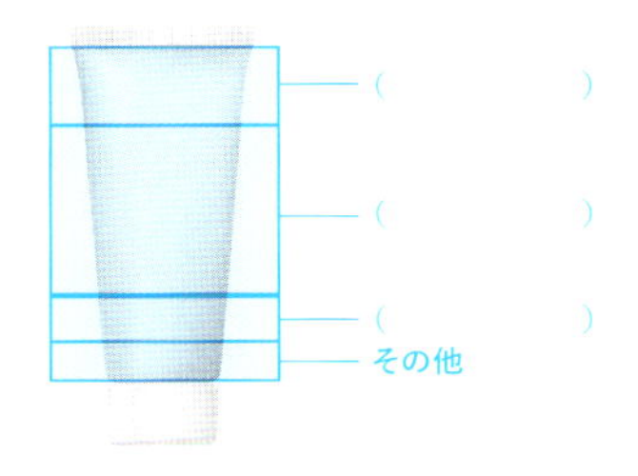

● 空欄に当てはまるものを選択肢から選びましょう。
選択肢の中には、解答とは無関係のものも含まれています。
同じものを複数回選んでもいいです。（解答は152ページ）

【日焼け止めの全成分表示例】

	成分表示	成分の分類
1	シクロペンタシロキサン	
2	水	水性成分
3		シリコーン
4	エタノール	水性成分
5	酸化亜鉛	
6	メトキシケイヒ酸エチルヘキシル	
7	ポリメタクリル酸メチル	色材
8		エステル油
9	PEG-10ジメチコン	非イオン界面活性剤
10	酸化チタン	
11	ジエチルアミノヒドロキシベンゾイル安息香酸ヘキシル	紫外線吸収剤
12	BG	
13	ジステアルジモニウムヘクトライト	増粘
14		酸化防止
15	トコフェロール	
16	香料	香料
17	フェノキシエタノール	防腐

選択肢

紫外線散乱剤
紫外線吸収剤
保湿剤
フェノキシエタノール
ミリスチン酸イソプロピル
BHT
酸化防止
シリコーン
ジメチコン
防腐

シャンプー

● （　　　）に当てはまる成分の分類を書きましょう（解答は154ページ）

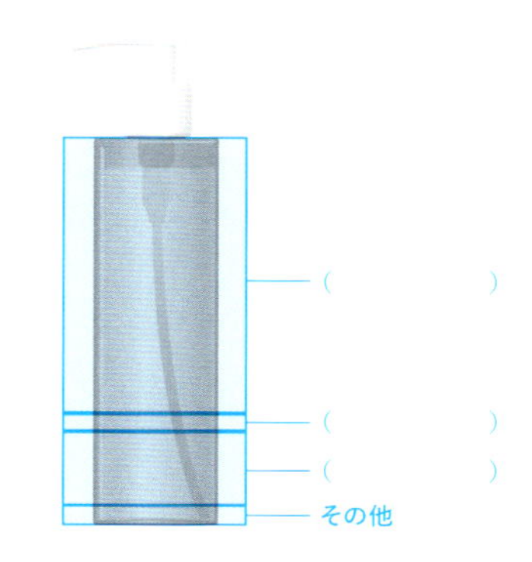

● 空欄に当てはまる成分の分類を書きましょう（解答は154ページ）

【シャンプーの全成分表示例】

	成分表示	成分の分類
1	水	水性成分
2	ラウレス硫酸Na	
3	ココイルメチルタウリンNa	
4	コカミドプロピルベタイン	
5	ココアンホ酢酸Na	
6	コカミドDEA	
7	ジステアリン酸グリコール	
8	DPG	
9	オレフィン（C14-16）スルホン酸Na	
10	ツバキ種子油	
11	ポリクオタニウム-7	保湿剤
12	ポリクオタニウム-10	保湿剤
13	グアーヒドロキシプロピルトリモニウムクロリド	保湿剤
14	香料	香料
15	クエン酸	
16	EDTA-2Na	
17	メチルパラベン	
18	安息香酸Na	

リンス／コンディショナー／トリートメント

● (　　　) に当てはまる成分の分類を書きましょう（解答は155ページ）

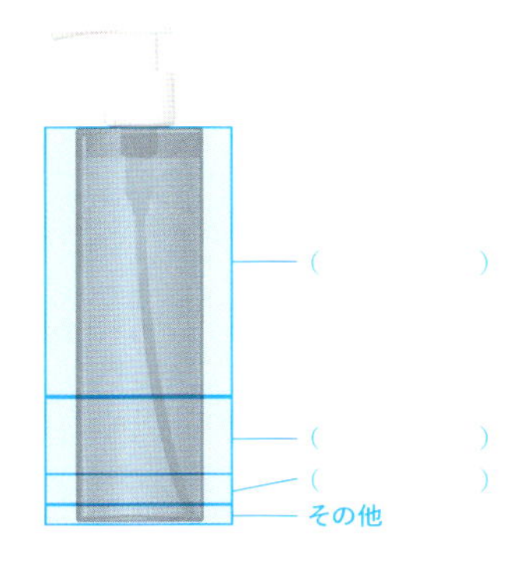

● 空欄に当てはまる成分の分類を書きましょう（解答は155ページ）

【コンディショナーの全成分表示例】

	成分表示	成分の分類
1	水	水性成分
2	ステアリルアルコール	
3	セテアリルアルコール	
4	ステアルトリモニウムクロリド	
5	ベヘントリモニウムクロリド	
6	ジメチコン	
7	ツバキ種子油	
8	アモジメチコン	
9	加水分解ケラチン	保湿剤
10	グリセリン	
11	BG	
12	エタノール	水性成分
13	イソプロパノール	水性成分
14	香料	香料
15	フェノキシエタノール	
16	メチルパラベン	
17	乳酸	

化粧品成分検定練習ドリル 2

クレンジング料

● 空欄に当てはまるものを選択肢から選びましょう。
選択肢の中には、解答とは無関係のものも含まれています。
同じものを複数回選んでもいいです。

選択肢

非イオン界面活性剤
アニオン界面活性剤
水溶性コラーゲン
酸化防止
増粘
キレート
ミネラルオイル

	成分表示	成分の分類
1	水	水性成分
2	DPG	保湿剤
3	ヤシ油脂肪酸PEG-7グリセリル	
4	トリイソステアリン酸PEG-20グリセリル	
5	イソステアリン酸PEG-20グリセリル	
6	セスキイソステアリン酸ソルビタン	非イオン界面活性剤
7		保湿剤
8	BG	保湿剤
9	PEG-75	保湿剤
10	水酸化K	pH調整
11	トコフェロール	

洗顔料1

● 空欄に当てはまるものを選択肢から選びましょう。
選択肢の中には、解答とは無関係のものも含まれています。
同じものを複数回選んでもいいです。

選択肢

高級脂肪酸
保湿剤
アニオン界面活性剤
カチオン界面活性剤
高級アルコール

	成分表示	成分の分類
1	水	水性成分
2	グリセリン	保湿剤
3	ミリスチン酸	
4	ココイルグリシンK	アニオン界面活性剤
5	ステアリン酸	
6	水酸化K	pH調整
7	DPG	
8	パルミチン酸	
9	ラウリン酸	
10	ジステアリン酸グリコール	エステル油
11	セリン	保湿剤
12	プロリン	保湿剤
13	ココイルグルタミン酸TEA	
14	ポリクオタニウム-7	保湿剤

洗顔料2

- 空欄に当てはまるものを選択肢から選びましょう。
選択肢の中には、解答とは無関係のものも含まれています。
同じものを複数回選んでもいいです。

選択肢

保湿剤、炭化水素
アニオン界面活性剤
非イオン界面活性剤
高級脂肪酸
ミリスチン酸
防腐
ヒアルロン酸Na
エステル油

	成分表示	成分の分類
1	水	水性成分
2		高級脂肪酸
3	グリセリン	
4	ステアリン酸	
5	水酸化K	pH調整
6	ラウリン酸	
7	PEG-32	保湿剤
8	PEG-6	保湿剤
9	ラウレス-7	
10		水性成分
11	ジステアリン酸グリコール	
12	ステアリン酸グリセリル	
13	ミリストイルメチルタウリンNa	
14	メチルパラベン	

化粧水

- 空欄に当てはまるものを選択肢から選びましょう。
選択肢の中には、解答とは無関係のものも含まれています。
同じものを複数回選んでもいいです。

選択肢

非イオン界面活性剤
アニオン界面活性剤
両性界面活性剤
キレート
血行促進
増粘
エステル油
フェノキシエタノール
トコフェロール
水酸化K

	成分表示	成分の分類
1	水	水性成分
2	グリセリン	保湿剤
3	DPG	保湿剤
4	BG	保湿剤
5	PEG-20	保湿剤
6	温泉水	水性成分
7	PEG-60水添ヒマシ油	
8	メチルグルセス-10	保湿剤
9	キサンタンガム	
10	ヒアルロン酸Na	保湿剤
11	水溶性コラーゲン	保湿剤
12	トリエチルヘキサノイン	
13	エタノール	水性成分
14	ジイソステアリン酸ポリグリセリル-2	
15	カルボマー	増粘
16	EDTA-2Na	
17		pH調整
18		防腐
19	香料	香料

化粧品成分検定練習ドリル 3

● 続いて、練習問題を解いてみましょう。

Q1　ビタミンC誘導体の説明について正しいものは?

A：1、ビタミンCを安定させたもの
　　2、ビタミンCを小さくしたもの
　　3、ビタミンCの保湿力を高めたもの

Q2　「アルコール無添加」と書かれた化粧品に入っていない成分は?

A：1、フェノキシエタノール　2、セタノール　3、エタノール

Q3　全成分表示のルールとして誤っているものは?

A：1、薬用化粧品は、配合量が多いものから順に記載する。
　　2、配合量の多い成分から順に表示名称で記載する。
　　3、着色料は、末尾にまとめて記載する。

Q4　低温下でも外観性状に変化が現れないものは?

A：1、ホホバ種子油　2、スクワラン　3、オリーブ果実油

Q5　化粧品への配合量に上限が定められている成分は?

A：1、コエンザイムQ10　2、セラミド　3、ヒアルロン酸

Q6　リン酸アスコルビルMgとは、どれ?

A：1、ビタミンE誘導体　2、ビタミンC誘導体　3、ビタミンA誘導体

Q7　次のうち、由来が異なる成分は?

A：1、ミツロウ　2、ミネラルオイル　3、ワセリン

Q8　次のうち、植物エキスの抽出にも使われる成分は?

A：1、フェノキシエタノール　2、セタノール　3、エタノール

Q9　酸化チタンの配合目的として誤っているものは?

A：1、紫外線吸収剤　2、紫外線散乱剤　3、着色料

Q10　内容量を表す「g」と「ml」は、何を基準に使い分けられている?

A：1、粘度　2、硬度　3、濃度

Q11　化粧品パッケージに記載が義務づけられている内容は?

A：1、原産国　2、全成分　3、使用期限

Q12　全成分表示の中で、その成分から下は1%以下の配合量と判断しうる成分は?

A：1、ヒアルロン酸Na　2、グリセリン　3、酸化チタン

Q13　化粧水の大半を占めるのは?

A：1、水性成分　2、界面活性剤　3、油性成分

Q14　薬用化粧品とは、次のうちどの分類に属する?

A：1、医薬部外品　2、医薬品　3、化粧品

Q15　BGの配合目的ではないものは?

A：1、帯電防止　2、保湿　3、溶剤

Q16　温感効果のある化粧品の全成分表示で、水よりも上部に記載されている成分は?

A：1、トウガラシ果実エキス　2、カンゾウ根エキス　3、グリセリン

Q17　特記がない化粧品は、通常の保存条件下で保管された場合、未開封で（　　　）品質維持できる。

A：1、1年間　2、3年間　3、5年間

Q18　次のうち、粉末状の成分はどれ?

A：1、ヒアルロン酸Na　2、ジメチコン　3、シクロペンタシロキサン

Q19　高級脂肪酸の「高級」とは何を示す?

A：1、価格が高い　2、高濃度　3、炭素が多い

Q20　次のうち、皮脂に含まれる油性成分は?

A：1、ホホバ種子油　2、スクワレン　3、オリーブ果実油

Q21　ゼラチンは、次のどの成分に熱を加えて変性したもの?

A：1、セラミド　2、ヒアルロン酸　3、コラーゲン

ドリル2解答

クレンジング料

	成分表示	成分の分類
1	水	水性成分
2	DPG	保湿剤
3	ヤシ油脂肪酸PEG-7グリセリル	非イオン界面活性剤
4	トリイソステアリン酸PEG-20グリセリル	非イオン界面活性剤
5	イソステアリン酸PEG-20グリセリル	非イオン界面活性剤
6	セスキイソステアリン酸ソルビタン	非イオン界面活性剤
7	水溶性コラーゲン	保湿剤
8	BG	保湿剤
9	PEG-75	保湿剤
10	水酸化K	pH調整
11	トコフェロール	酸化防止

洗顔料2

	成分表示	成分の分類
1	水	水性成分
2	ミリスチン酸	高級脂肪酸
3	グリセリン	保湿剤
4	ステアリン酸	高級脂肪酸
5	水酸化K	pH調整
6	ラウリン酸	高級脂肪酸
7	PEG-32	保湿剤
8	PEG-6	保湿剤
9	ラウレス-7	非イオン界面活性剤
10	ヒアルロン酸Na	水性成分
11	ジステアリン酸グリコール	エステル油
12	ステアリン酸グリセリル	非イオン界面活性剤
13	ミリストイルメチルタウリンNa	アニオン界面活性剤
14	メチルパラベン	防腐

洗顔料1

	成分表示	成分の分類
1	水	水性成分
2	グリセリン	保湿剤
3	ミリスチン酸	高級脂肪酸
4	ココイルグリシンK	アニオン界面活性剤
5	ステアリン酸	高級脂肪酸
6	水酸化K	pH調整
7	DPG	保湿剤
8	パルミチン酸	高級脂肪酸
9	ラウリン酸	高級脂肪酸
10	ジステアリン酸グリコール	エステル油
11	セリン	保湿剤
12	プロリン	保湿剤
13	ココイルグルタミン酸TEA	アニオン界面活性剤
14	ポリクオタニウム-7	保湿剤

化粧水

	成分表示	成分の分類
1	水	水性成分
2	グリセリン	保湿剤
3	DPG	保湿剤
4	BG	保湿剤
5	PEG-20	保湿剤
6	温泉水	水性成分
7	PEG-60水添ヒマシ油	非イオン界面活性剤
8	メチルグルセス-10	保湿剤
9	キサンタンガム	増粘
10	ヒアルロン酸Na	保湿剤
11	水溶性コラーゲン	保湿剤
12	トリエチルヘキサノイン	エステル油
13	エタノール	水性成分
14	ジイソステアリン酸ポリグリセリル-2	非イオン界面活性剤
15	カルボマー	増粘
16	EDTA-2Na	キレート
17	水酸化K	pH調整
18	フェノキシエタノール	防腐
19	香料	香料

ドリル3解答

Q1：1　Q2：3　Q3：1　Q4：2　Q5：1　Q6：2　Q7：1　Q8：3　Q9：1
Q10：1　Q11：2　Q12：1　Q13：1　Q14：1　Q15：1　Q16：3　Q17：2
Q18：1　Q19：3　Q20：2　Q21：3

Chapter 6

関連法規&関連用語

最後に、「ネガティブリスト・ポジティブリスト」、本文中に出てきた★がついた用語等の説明を「用語集」としてまとめました。

ネガティブリスト・ポジティブリスト

ネガティブリスト	
定義	医薬品医療機器等法（旧薬事法）の定める配合禁止成分リストのこと。 化粧品の使用部位や使用方法に応じて、具体的な規定があります。
対象成分	防腐剤・紫外線吸収剤・タール色素以外の成分
規定	・成分の種類や配合目的にかかわらず、配合禁止と定める規定。 ・成分の種類や配合目的によって「使う量を制限する」ならびに「使ってはならない」という規定。 例えば、ユビキノンやαリポ酸など、医薬品成分は化粧品として配合できる上限が定められています。

ポジティブリスト	
定義	医薬品医療機器等法（旧薬事法）の定める配合可能成分リストのこと。 化粧品の使用部位や使用方法に応じて、具体的な規定があります。
対象成分	防腐剤・紫外線吸収剤・タール色素
規定	・防腐剤・紫外線吸収剤に対し「使えるのはこの成分」で、且つ「使う量を制限する」という規定。 ※制限量は化粧品の種類や使用目的によって決まる。また制限がない場合もある ・タール色素に対し「使えるのはこれだけ」という規定。 例えば、赤色○○など。

用語集

本書に出てくる「○○★」がついた用語等について解説します。

INCI	INCI（化粧品原料国際命名法）は、米国の化粧品業界団体である「Personal Care Products Council」（PCPC）が作成している化粧品の成分名です。 「International Nomenclature of Cosmetic Ingredients」、略して「INCI」で、「インキ」と読みます。 米国の業界団体が米国向けに作成している名称リストで、EUや東南アジアでも、このINCIとほぼ同じものが使われています。 本書では日本語の表示名称とINCIを紹介しています。 ※日本独自の成分など、INCIに該当しないものは記載していません
IUPAC命名法	化学界における国際的な標準としての地位を確立している「IUPAC」（国際純正・応用化学連合）が定める、化合物の体系名の命名法の全体を指します。IUPAC命名法は、国際的な化学物質命名法です。
アルカロイド	植物体に存在する、窒素を含んだ（一般的に塩基性の）天然由来有機化合物の総称をいいます。 少量でも、強い作用（毒性、特殊な生理・薬理作用）を持つものが多く、タバコのニコチンや茶のカフェイン、ケシのモルヒネや、キハダ科植物のベルベリンなど多くが存在します。
エステル	酸とアルコールが反応してできる化学物質をエステル化物、または単にエステルと総称します。動植物に多く含まれる油脂やロウ・ワックスは天然に存在するエステルの典型例です。化粧品分野では、動植物から得られるエステル化物はその分子構造によって油脂、またはロウ・ワックスと呼んで分類し、合成反応によって製造されたエステル化物を、エステル油と呼んで区別しています。
加水分解	水が存在する状況で強酸や強アルカリ、熱などを加えることで生じる、化学物質の分解反応のことです。
還元	酸化の逆が、還元です。 ある物質が「電子（e-）を得る」「酸素（O）を失う」「水素（H）を得る」のいずれかの反応を見せたとき、それを還元といいます。 酸化と還元は必ずセットになって起きます。
慣用名	IUPAC命名規則で系統的・体系的に命名された名前ではなく、古くから知られ、呼び慣れている化合物の名称のことをいいます。 代表的な慣用名は、「苛性（かせい）ソーダ」（＝水酸化ナトリウム）、「炭酸ガス」（＝二酸化炭素）などです。 通常、慣用名は化合物の発見・発明者が命名します。
揮発（きはつ）	液体が、常温で気体となって発散することです。

キャリーオーバー	キャリーオーバーとは、「持ちこされた」という意味です。 例えば酸化しやすい油には、品質が劣化しないようビタミンEなどの酸化防止剤が配合されることがあります。この原料を使用して化粧品を製造すると、油の品質を保つために添加されたビタミンEも一緒に化粧品中に「持ち越され」ます。しかしこのビタミンEは、酸化防止剤としての役目が果たせないほど薄まってしまいます。 このように原料の品質を保つために添加されている成分で、化粧品に使われたときにはすでに薄まり、何の役目も果たせなくなった成分を「キャリーオーバー成分」と呼びます。キャリーオーバー成分は全成分表示に記載する義務はないため、メーカーによって書いたり書かなかったりがあります。
抗酸化	物質が酸化しないように働くことをいいます。
混合原料	あらかじめ複数の化粧品原料を混合した状態で、流通している原料のことです。「ミックス原料」「プレミックス」といわれます。
酸化	ある物質が「電子（e-）を失う」「酸素（O）を得る」「水素（H）を失う」のいずれかの反応を見せたとき、それを酸化といいます。 化粧品の成分が酸化すると、異臭や変色などの劣化が生じます。 例えば、リンゴをむいてしばらくすると変色しますが、これが酸化です。
脂肪酸	グリセリンとともに脂肪をつくっている物質で、皮脂などに多く含まれます。 炭素と水素が鎖のようにつながった炭化水素基の端にメチル基（CH3-）が、もう一端にはカルボキシ基（-COOH）がくっついているのが特徴です。
（化粧品に配合可能な）医薬品成分	成分の中に1種類でも医薬品成分が配合されると、医薬品となります。化粧品としての販売はできませんが、使用部位や配合濃度などの制限つきで、化粧品への配合が認められている成分のことです。 代表的な承認化粧品成分は、「ユビキノン」（コエンザイムQ10の表示名称）、「アラントイン」「イオウ」などです。
水添／水素添加	水添とは、水素添加の略です。 そのままでは酸化や劣化しやすい成分に水素を結合させることで、安定性を高める手法です。 「水添○○」という成分は、この手法によって安定性を高めた成分ということになります。
静菌	菌が生きていけなくなる環境をつくる働きです。菌はいずれ死にます。
生分解	物質が微生物により分解されることです。 例えば生分解性のプラスチックは、土の中に一定期間放置するとバラバラになり、やがて土にかえります。 環境に優しいというメリットがありますが、反面、腐りやすいというデメリットもあります。
線維芽細胞（せんいがさいぼう）	線維芽細胞は、真皮に存在し、私たちの肌のハリや弾力の元になるコラーゲン、エラスチン、ヒアルロン酸をつくり出す源となる細胞です。 紫外線や活性酸素の影響で、コラーゲンやエラスチンが変性して役目を果たせなくなっても、通常は線維芽細胞が新しいコラーゲンやエラスチンを産生しますが、線維芽細胞が衰えると、コラーゲンやエラスチンの産生が減って肌はハリや弾力を失っていきます。 これが老化です。

多糖類（たとうるい）	ブドウ糖やソルビトール、キシリトール、果糖などの糖類が多数結合し、ヒモ状の非常に大きな分子になったもので、糖をモノマーとしたポリマー（下記「ポリマー」参照）のことです。それほど大きくないものはオリゴ糖と呼ばれます。
トリグリセリド	グリセリンに3個の高級脂肪酸が結合した形の油性成分を、トリグリセリドと呼びます。動植物に含まれる油分のほとんどはトリグリセリドで、人間の皮脂にもトリグリセリドが多く含まれています。また、化粧品原料として合成されているものも多くあります。動植物に含まれるトリグリセリドを主成分とする油性成分を、特に油脂と呼んでいます。
バイオテクノロジー	バイオロジー（生物学）とテクノロジー（技術）を合わせた技術のことをいいます。 生物の持つ力そのものや、生物の構成成分の機能を利用、応用、模倣する技術で、自然界には存在しないタンパク質や酵素の合成、農作物の品種改良や再生医療などが可能です。
撥水（はっすい）	表面で水をはじくことです。
表示名称	厚生労働省の要請に基づき、日本化粧品工業連合会がINCI（国際化粧品成分命名法）に対応させて命名した名称のことです。 消費者の目につきやすい化粧品の容器、または、個箱などに全配合成分を表示名称で表示することが義務づけられています。
分子	分子とは、原子が集まったものをいいます。 原子が集まることで、さまざまな分子、そして物質をつくることができます。 例えば、水の構造である「水素原子」2個と「酸素原子」1個を合わせると、「水分子」ができます。「水分子」が集まると「水」という物質ができます。 低分子とは分子量が小さいことを示し、反対に高分子とは分子量が大きいことを示します。
ペプチド	アミノ酸が2個以上まっすぐにつながったものが、ペプチドです。さらに連結し立体的になったものが、タンパク質です。
ポリマー	ポリマーとは、何かが多く連なっているものという意味で、「重合体」や「高分子」ともいいます。 非常に多数の原子が共有結合してできる巨大分子のことです。 「ポリ」とは「たくさん」という意味で、逆の意味を持つものとして「モノ」があります。 「モノマー」（単量体）の繰り返し構造を持つ大きな分子がポリマーです。 どれくらい長くつながるとポリマーと呼ぶかという明確な定義はありませんが、だいたい原子の数が1千個程度以上、あるいは分子量が1万程度以上のものはポリマーと呼ばれます。それより小さいものは、「オリゴマー」と呼ばれます。
ムコ多糖類	多糖類、またはその誘導体とタンパク質の結合物質のこと。 「ムコ」とは「粘性のある液体」の意味で、細胞や組織の保護作用と、運動の円滑化の作用があります。

有機/無機	もともとは生物がつくり出す化学物質は特殊なもので、生物以外の世界に存在する化学物質とは別の何かであると考えられてきました。 そこで生物がつくり出す化学物質を有機物または有機化合物と呼び、それ以外を無機物または無機化合物と呼んで区別していました。 しかし無機化合物から有機化合物を簡単に合成できることがわかるとこの分類方法は厳密な意味を失い、現在では「有機物は、炭素原子を含む化学物質のほとんど」という程度の非常にあいまいな概念になっています。科学の世界ではほとんど意味を失っている分類ですが、何となく生物由来らしい化学物質を有機物と呼ぶような、便宜的な分類として今も使われています。
誘導体	そのままでは変質しやすい「A」という成分に、特徴的な化学構造を崩さない程度の化学的な加工をほどこし、性質を安定させた成分「B」を、「成分Aの誘導体」と呼びます。 例えば、とても酸化しやすく不安定なビタミンCにリン酸や糖などをくっつけて安定させたのが、ビタミンC誘導体です。 リン酸や糖は肌に浸透する途中、人間の肌に存在する「酵素」によって切り離されていくので、肌の角質層に届くころにはもとのビタミンCに戻り、効果を発揮します。 ビタミンC誘導体には、結合させるものの性質によって、水溶性のものと脂溶性のものがあります。 化粧品には、ビタミンCにリン酸を結合させた下記の水溶性ビタミンC誘導体がよく配合されています。 ・リン酸-L-アスコルビルマグネシウム／表示名称：リン酸アスコルビルMg ・リン酸L-アスコルビルナトリウム／表示名称：アスコルビルリン酸Na ・アスコルビルグルコシド／表示名称：アスコルビルグルコシド ・パルミチン酸アスコルビル
溶媒	固体、液体、気体を溶かす物質の呼称で、工業的には溶剤と呼ばれるものと同じです。 例えば食塩水なら、食塩を溶かす水が溶媒、溶ける食塩は溶質（溶ける物質）、食塩水は溶液（溶けた液体）です。
リポソーム	リポソームとは特殊な性質を持った界面活性剤でつくられる、独特な構造のカプセルです。界面活性剤分子が、疎水性部分同士を向き合わせて親水性部分を両側に向けた二重構造の膜をつくり、それが玉ねぎのように球状に何層にも重なった構造をしています。特定の成分を効果的に届けたり、安定性を高めることが期待されています。 化粧品でよく用いられるのは、リン脂質でつくられる直径およそ0.数μm（マイクロメートル・0.0001ミリメートル）のリポソームです。動物の細胞膜も同じリン脂質による二重膜でできているため、肌なじみがよく、成分を効果的に届ける役割が期待されています。

化粧品成分名　索引

【英数字】

【ア行】

【カ行】

【サ行】

【タ行】

【ナ行】

【ハ行】

【マ行】

【ヤ行】

【ラ行】

【ワ行】

【編者・一般社団法人　化粧品成分検定協会　代表理事　略歴】

久光　一誠（ひさみつ　いっせい）

1997年 東京理科大学大学院基礎工学研究科修了。博士（工学）。化粧品会社でスキンケア化粧品の開発を担当した後、現在は化粧品開発コンサルタントとして、化粧品技術者向け情報提供サイト「Cosmetic-info.jp」を運営。東京工科大学非常勤講師、神奈川工科大学非常勤講師、国際理容美容専門学校非常勤講師。
著書「現場で役立つ化粧品・美容のQ&A」（フレグランスジャーナル社・共著）、「化粧品成分ガイド」（フレグランスジャーナル社・共著）

【編者略歴】

一般社団法人　化粧品成分検定協会

設立　2014年10月
代表理事　久光　一誠
事業内容
■「化粧品成分検定」の実施、運営
　合格者の資格認定・認定証公布、公式検定テキストの発行・配布
■化粧品に関する情報の発信
　協会HP、SNSページ、メールマガジン等を通じた情報発信
■各種講演会、セミナー、シンポジウムの開催

【参考文献】

「新化粧品学 第2版」 編集光井武夫（南山堂）／「化粧品事典」 日本化粧品技術者会（丸善）／「化粧品成分ガイド第5版」宇山侊男・岡部美代治 「化粧品成分ガイド第6版」宇山侊男・岡部美代治・久光一誠（フレグランスジャーナル社）／「基礎から応用までよくわかる！化粧品ハンドブック」「日本化粧品成分表示名称事典 第3版」（薬事日報社）／「コスメチックQ&A事典」日本化粧品工業連合会／「コスメチックQ&A事典　資料編」日本化粧品工業連合会

【参考資料（ホームページ、原料資料）】

Cosmetic-Info.jp
厚生労働省／日本化粧品工業連合会／一丸ファルコス株式会社／香栄興業株式会社／ビタミンC60バイオリサーチ株式会社／丸善製薬株式会社

化粧品成分検定公式テキスト［改訂新版］

2019年７月15日　初版第1刷発行

編　者　一般社団法人　化粧品成分検定協会
発行者　岩野裕一
発行所　実業之日本社
〒107-0062　東京都港区南青山5-4-30
CoSTUME NATIONAL Aoyama Complex 2F
【編集部】TEL.03-6809-0452
【販売部】TEL.03-6809-0495
ホームページ　http://www.j-n.co.jp/
印刷所　大日本印刷株式会社
製本所　大日本印刷株式会社

カバーデザイン　仲亀 徹（ビー・ツー・ベアーズ）
本文デザイン　若松 隆

ISBN978-4-408-33876-7（書籍管理）